这一生，为自己而活

THE JOYS OF LIVING

［美］奥里森·马登/著
慕颜歌/编译

古吴轩出版社
中国·苏州

图书在版编目（CIP）数据

这一生，为自己而活 /（美）马登著；慕颜歌编译．—苏州：古吴轩出版社，2015.12（2018.9重印）
ISBN 978-7-5546-0566-0

Ⅰ.①这… Ⅱ.①马… ②慕… Ⅲ.①成功心理—通俗读物
Ⅳ.①B848.4-49

中国版本图书馆CIP数据核字（2015）第263477号

责任编辑：徐小良
见习编辑：李爱华
策　　划：孙倩茹
装帧设计：胡椒设计

书　　名：**这一生，为自己而活**
著　　者：［美］奥里森·马登
编　　译：慕颜歌
出版发行：古吴轩出版社
地址：苏州市十梓街458号　　邮编：215006
Http：//www.guwuxuancbs.com　　E-mail：gwxcbs@126.com
电话：0512-65233679　　传真：0512-65220750
出 版 人：钱经纬
经　　销：新华书店
印　　刷：河北鑫兆源印刷有限公司
开　　本：880×1230　1/32
印　　张：8.5
版　　次：2015年12月第1版
印　　次：2018年9月第4次印刷
书　　号：ISBN 978-7-5546-0566-0
定　　价：32.80元

人的一生应该学会为自己而活，学着欣赏自己，接纳自己，不要太在意别人怎么看我，或者别人怎么想我。

序

过得快乐了，才是精彩的人生

在孤独这件事上，你从来不孤独，因为我们大多数人都和你一样，一直在等爱，一心在想着如何爱人，却从未学过如何爱自己。

生活中，总有那么一些人、一些事，在不经意中让你受伤，让你流泪。请不要怨叹，让我们笑着感激，感激这些人、这些事让我们懂得什么可以带来伤，什么可以带来痛，然后学会在未来的日子里，摆脱阴霾，不再伤心流泪，全身心地为自己而活。

亲爱的，你付出了太多挣扎，太多努力，错过了原本可以拥有更多的幸福，放弃了安静的生活，忘记了，人的这一生，应该为自己而活。

你要活得更精彩，精彩得让世界注目。要知道，不是你得到幸福后才会活得精彩，而是活得精彩后才会得到幸福。

为自己而活，其实就是理解自己，接受自己，取悦自己，爱自己。唯有这样，才会爱生活，才能更快乐。

亲爱的，当你学会为自己而活后，孤独自会离你而去。你会发现，人生的每一天，都会充满阳光。而这本快乐之书，将要教你学会如何爱自己，怎样为自己而活。

爱自己，你要学会发现生活中的美好。

幸运的是，这件事如此简单。

我认识一个有良好写作习惯的朋友，对生活中的一些小事，每有所感，就会记录下来。例如，一本书、一封信、一件新衣、一场音乐会、一次驾驶体验，或与一个朋友的闲聊、田间的散步、丈夫的细心呵护……这些都被她写进了日记里。她把这本日记叫作《练习爱自己的快乐之书》，每当自己感觉焦躁的时候，就会翻上几页。回忆这些细微的美好，会让她相信自己是一个快乐而幸福的女人。

其实，你也可以试试：

收到妈妈的来信，看见窗外有一朵美丽的百合花，找回了丢失已久的针头，丈夫给自己买了一件小礼物，在大街上看到一个可爱的小孩抑或偶遇故人……这些都是随处可见的美好。每天都发现生活中的一个小惊喜，然后把这些小惊喜融化在心里，幸福因此变得那样简单。如叔本华所言：人的幸福和顺遂仅仅是从愿望到满足，从满足又到愿望的迅速过渡。

即使是彻底的告别，也依旧可能存在美好。那人离去的时候，曾紧执你手，轻唤你名，这样的留恋便已经足够。

取悦自己，你要学会为自己制造快乐。

幸运的是，这件事如此简单。

只要你学会将生命看成无价的礼物，相信工作的创造之乐，你就能从中获得满足。是的，你生逢其时，地点也刚刚好。

我们喜欢乐观的人。因为，乐观的人无论出现在哪儿，就像和风吹向山间野林，都能给人温煦的感觉，能将人最好的一面唤醒，让大家也感染那份快乐。在这个地球上，他们是每个角落的快乐和希望；在黑暗里，他们就是会发光的太阳。

早上遇到他们是幸运的，你会拥有一整天的好心情，好像连工作也变得更轻松了似的；和他们握手，他们的热情会给血管注入一种新生的活力；与他们交谈，用不了几分钟，你就会觉得精神愉悦、身心轻松。你的生活热情不由得被激发了出来。

原来生活还可以有另一种样子，原来生命还有更好的可能。

接受自己，你要学会包容。

一位和蔼的女士被问及如何对待自己看不顺眼的人时，她说：“其实很简单，我的做法就是，告诉自己，我的看法不一定正确，他们那样让我不习惯，不过是因为，我未曾经历他们所经历过的，以至于我无法用他们的方式，去思考他们为何那样活着。如果看见他们，我会让自己不去理会那些让我感到不悦的东西。”

其实，你也可以和她一样，只要能忽视或消除对别人错误的偏见，就会变得更包容，更能与这个世界和谐相处。

为自己而活，让自己拥有超脱的心境，方能活得潇洒、快乐，在平凡的事物中，看到别人看不到的美丽，而自己也因此变得更加优雅。

亲爱的，别人再如何，那也只是窗外飞过的鸟，每个人首先要做的是为自己负责。不盲目，不妥协，敢于承受生命的无意义而不低落消沉，那活着，是为自己活着。

生活远没有你想象的那么糟糕，学会发现生活中的美好，学会为自己制造快乐，学会用一颗包容的心看待世界，你将变得更快乐。

亲爱的，请为自己而活吧，你会发现一个全新的世界正在你面前展开。

目 录

PART 1

用一辈子，学习爱自己

PART 2

唯有成为最好的人，才配得上最好的爱

PART 3

先为自己而活，才能为别人而活

PART 4

世上没有人比你更重要

PART 5

适合自己的活法，就是最好的活法

PART 6

清楚自己要什么，就能抵御一切不安

PART 7

你可以习惯为别人付出，但至少别忘了为自己而活

PART

1

用一辈子，学习爱自己

很多人常常被生活中的一些琐事困扰，
心事重重，闷闷不乐。
之所以如此，只是因为他们不曾理解自己，
接受自己，爱自己——请相信，
你是值得被尊重、被肯定、被珍惜、被爱的。

练习自己享受生命的能力

> 陪自己玩，就是练习自己享受生命的能力。

亲爱的，请问一问自己，有多久没有发自肺腑地大笑过了？

你是不是工作忙碌而紧张，没有时间和自己相处？

你是不是觉得享受生活就是浪费时间？

世界已经有了太多可以逆流成河的悲伤，你不需要再制造更多的崎岖和坎坷，来让它们横亘在自己的成长之路上。不要过分地与生活较劲儿，如果活着的乐趣被压榨得所剩无几，生命本身也就失去了意义。你要明白，所有的困境和挑战，都是为了让我们更加懂得享受自己这段不可逆的人生之旅。

一个美国人和一个墨西哥渔夫在河边的酒馆里一起喝酒。

“抓那条鱼用了多长时间？”美国人指着不远处船上的一条大鱼问道。

“用不了多长时间。”渔夫喝了一口酒说道。

“那你为什么一直在这里喝酒，不去捉更多的鱼呢？”

“这些鱼已经足够满足我和家人的需要了。”

“天还很早，那你剩下的时间都干些什么呢？”美国人问。

“我每天都睡到很晚才起床，然后捉点鱼，喝点酒，陪孩子玩玩；和妻子睡个午觉，下午去城里拜访朋友，聊聊天什么的。我的生活很满足呢！”渔夫说道。

在这个故事里，这个渔夫虽然没有很多的钱，但他是幸福的，他懂得享受自己的人生。

其实，真正的幸福感，往往源自于内在的丰实，而非物质的丰富。生活中，我们不难发现，那些吃得最香、穿得最潮、住得最舒适的人，却往往是最焦虑的，几乎不会享受最简单的快乐。所以，一个到纽约的法国女孩才说：“我发现，这里很多人好像都在自寻烦恼，其实，他们完全可以过得更好一些。”

不要用全世界都在给你厄运和灾难的心态过坏自己的人生。

爱默生说：“我很想知道，忧虑与疑惑是否真的这么明显地刻在了大家的额头上，一个人的衰老迹象真的在年轻时就显露出来了吗？”

总是在紧张与焦虑中去追寻一切，其实是一种对生命的挥霍和对自己的辜负。

每个人都脚步匆匆，害怕错过，害怕失去，害怕不想要。一切的一切，都用着急与焦虑来表达，仿佛自己的生活再也看不到明天了。于是“有用”与“无用”成为我们判断生活乐趣的标准。原本，我们应该是自己最忠诚的朋友，但我们却把自己变为了自己最不爱惜的工具。

其实，对生命来说，健康的心跳与均匀的呼吸才是最有价值的东西。但，我们宁可陪着钞票傻乐，或耽于幻想，也不愿意花费时间学会从爱自己中寻找简单的快乐。即使不去考虑让自己完全了解愉快对健康与幸福的益处，仅从投入产出的角度来说，花点时间陪自己玩儿，也是件完全值得的事。

生活中有那么一些人，过分沉迷于工作，不太关心自己的健康，如果他们觉得工作本身就是一种娱乐的话，那也没有什么不可以，关键是你能纯粹而简单地体验工作吗？不要以为要陪自己玩得开心一点，一定得需要什么具体的娱乐形式，有时一个简单的爱好，一份深得你心的工作，可能都是不错的消遣。

有研究说，愉快的消遣活动对人的能力有着某种微妙的影响，能让我们更有活力，更有信心，人生观念都会为之改观。幽默与快乐往往会让人流淌出一种微妙的“液体”，这种“液体”能够穿透身体，洗涤心灵，清除大脑活动产生的“残渣”，以及肌肉过度收缩而残留的“碎片”。

陪自己玩，就是练习自己享受生命的能力。无论你是声名显赫的大老板，还是默默无闻的小职员，也无论你是超级玩家，还是初生新手，都可以培养自己享受生活乐趣的能力。

命运的极大公平之一，便是每个人都有机会在平淡如水的日子里，活出

每一天的精彩。

珍惜自己，珍惜你的感受。学会完善自己的生活，别把那些珍贵的闲暇，当成一种空虚和无聊来打发。也别再抱怨没有时间，每天哪怕花一刻钟，去做自己爱做的小事。喜欢弹琴就弹琴，喜欢画画就画画，用一段与过去和未来都隔绝的时间，全然地和自己在一起——尽量做有创造性的事，因为只有做有所创造的事，才能让你感受到某种自得其乐的控制感。

也许，这些小行动无法让我们的腰包马上变鼓，也不能让别人更喜欢我们，甚至可能让我们看上去像单纯的傻瓜，但是，唯有在掌控中得到的快乐，才会是持久的丰满的快乐，才不会让你在满足之后，若有所失。

练习自己享受生命的能力吧，你会喜欢一个懂得安放无聊和空虚的自己的。

简单的事可以让生活温暖起来

> 许多人几乎不用自己的眼睛，他们看到的世界永远是别人说的样子。

某人乘坐拥挤的火车，去远方旅行。在旅途中，他与一位老妇坐在一起。这位老妇每过一会儿，就从背包中拿出一个瓶子，将瓶子拿到窗外，撒出一些类似盐的东西。

这个人压抑不住好奇心，问她到底在做什么。她说："这些是花的种子。这是我多年以来乘坐火车时的一个习惯，特别是在穿过沙漠或乡村时，我会洒下一些种子。你看到铁轨两旁这些美丽的花朵了吗？它们都是我许多年前旅行时洒下的种子变的，现在都这么美丽了。"

有人说：希望与笑声，无论到哪里，都像散发香气的玫瑰。早上，用快乐感染你的同事；中午，对你爱的人说一句温馨的话；在工作中，让邮件传播爱的信号，让弱者、孤寂之人怀有希望。如果在贫瘠的土壤中播下种子，未来你将看到一片茂密的森林。

无论在哪里，无论在何时，我们都可以做一些简单的事情，让冰冷的大街温暖起来。

心灵的影响力是难以估量的，在黑暗与阴郁的环境中，乐观就如缕缕阳光般照进每个阴暗的角落，驱逐天空的阴霾。

只需一点润滑油，就可以让发动机轮轴与铰链之间顺滑起来。所以，哪怕只有一丝阳光，也足以将阴暗赶走。

阳光的性情有一种鼓舞人心的作用，它能产生一种积极向上的影响，让人身心舒畅。一张绽放笑容的脸能让别人宽心，为别人的生活注入活力，之前让人皱眉的困难，现在都可以轻松地解决。人们说：“无论穷人与富人、老人与小孩，都想得到快乐的脸孔。”用乐观、积极书写的语言会通俗易懂，并传递出一种谁也无法抗拒的力量。

一位爱尔兰仆人在听到主人的呼唤后说：“外面太冷了，我要马上去开门，让主人进来。他总能给我们带来温暖，因为他的脸有一股春日阳光的气息。”

我们多么希望看到阳光的心灵！有时间的话，一定要让自己品尝一下这种味道。“乐观的心，可以让头上的天空变蓝。”

很多人可能都有过这种感觉：当你欢喜的时候，山河仿佛也在大笑；当你快乐的时候，万物好像在与我们一起欢歌；当我们悲伤郁闷的时候，大自然的一切似乎也都板着脸孔。当然，自然本身并没有这种戏剧性的变化，是我们的心境发生了翻天覆地的转变。

当目标模糊了，自身的纷争就冒出来了。欢乐退场后，取而代之的是粉墨登场的悲伤。

比起一副阴云密布的表情，微笑一下，不需任何花费——但这对自己及别人都会产生积极的影响。自身发散的气质，要么积极，要么消极。

活在世上，挂着笑脸与皱着眉头是有天壤之别的。微笑不仅会改变我们的表达方式，也会改变我们自身的气质，让情绪充满明丽的色彩。

板着一张脸，装得一本正经，这样的时代已经结束了。一脸沉郁与郑重，曾被视为虔诚的表现，但在今天，这是心灵麻木的名片。在丑恶、悲伤的脸孔中，不可能存在虔诚。阳光、百合花、鸟儿、山川、河谷、树木……这些都是美丽的，都蕴含着生命的恩赐。

拒绝阴郁，快乐起来吧！涤尽心中的烦忧，别去想它们了，否则，多伤脑筋！多想想现实生活中的美好事情，为过去的美好时光感恩，快乐起来吧！

爱默生说："就像不要在墙上挂一幅阴暗的画像一样，不要说那些让人沮丧的话。"

当你脸上挂着忧郁的表情时，就发出了这样一个信号——你心底的希望正在逐渐消亡，你是一个彻底的失败者。还是谨记刻在日晷上的名言吧："我记录的不过是几个小时的阳光而已。"

忘却、埋葬所有让人不悦的往事吧！这一生，要为自己而活，抖抖身上的尘土，前方的路还很长，上路吧！

熟谙乐观这一艺术的人，能很快从周围的环境中解脱出来，无论身处顺境逆境，都能不改快乐的本色。当别人悲叹的时候，他们却在为自己的所得感谢上天的恩赐；当别人忧郁的时候，他们却在快乐地向前行进。

无论多糟的事情，也不要呼天喊地。

我们要始终处于一种和谐的状态中，寻找真、善、美，感受幸福与爱。

心灵的殿堂不是用来堆积困扰之事的，而是上苍赐给我们储藏理想与希望的小屋。

不久之后，我们将看到，善良会战胜邪恶，高尚会击溃低俗。要知道，善与恶可不是在同一个等级上较量的。

所以，无论怎样，我们都要勇敢地追求幸福；无论怎样，我们都要拥有希望。

匮乏的生命，盛开不出幸福的花

> 匮乏的生命开不出一朵幸福的花，你要努力让自己的内心丰满。

一发炮弹落入一个花园中，所有的美丽和壮观，都在火光中烟消云散。

花园成了一片焦黑的废墟，然而在这满目疮痍中，还有一道清泉依然涓涓流着。

我相信，那里面流的是生命的内在力量，只要有这股力量在，这个花园终会恢复往日的生机和美丽。

人生也是如此，就算有突如其来的苦难摧毁了你所拥有的快乐和幸福，但只要你未曾绝望，不曾放弃，只要你内在的力量尚未枯竭，所有你失去的，你终将重新获得。

每一个人都在追求幸福，每一个人都想拥有幸福，但你要知道，幸福绝非一种机缘巧合，也并不只存在于物质之中。虽然我们必须承认，拥有金钱的话，生活的确会更为舒适。但事实上，对很多生活在豪华宫殿里的人来说，幸福的感觉可能很陌生，就算一个人拥有巨额的财富，如果内心空虚，也未必会幸福。

巴尔扎克写过一个守财奴的故事：葛朗台是法国索漠城的一个商人，拥有万贯家产，但为人却极为吝啬。在他眼中，金钱高于一切，妻子和女儿的分量还不如他的一枚零币。他对金钱的渴望和占有欲几乎达到了病态的程度：半夜里把自己一个人关在密室里，“爱抚、把玩、欣赏他的金币，放进桶里紧紧地箍好”，临死还让女儿把金币铺在桌上，长时间地盯着，这样他才能感到暖和。可以说，富有的葛朗台的一生是可悲的，因为他从未体验过真正的幸福和快乐。

对一个人或一个家庭而言，拥有幸福和快乐，远比拥有金钱重要。

歌德在故事里写过一个纯朴渔民的房子。他说，那个渔民虽然非常贫穷，但仍在自己的房子里放置了一个小小的银灯，灯被点燃后，能照亮整个房间，大门、房顶、地板、家具……所有东西都因为银灯的照耀而披上了一层银色，简陋的小家也因此有了另一种别样的安然与祥和。

一位长年卧病在床的女士，无法出门，平时她能看到的仅仅是窗外的树林，本是很痛苦的生活，但她却过得十分快乐；因为她总是满怀希望。因此，很多满面愁容的健康人都会跑去向她诉苦，在得到慰藉后，面带笑容离去。

谁能说，那位给家人带来阳光与欢乐的渔民是个一无所有的穷人呢？谁能说，这位长年缠绵病榻的女士是一个失败者？不，他们其实比世界上许多人都更成功——他们拥有无价的财富，一种超越了物质的财富。

一颗阳光的灵魂能让一个贫穷的家庭充满另一种富足和欢乐，一颗乐观的心能带动周围的人都快乐起来。无论贫穷还是富有，也无论当下的你过着怎样的生活，你都可以让自己的内心更丰满，都可以让自己变得更幸福。

你可以暂时困窘，也可以彷徨不安，但无论处境如何，请不要放弃追求真正有价值的东西。

不抛弃梦想，不放弃努力，不因为妥协而放弃爱自己，让自己拥有快乐的习惯，并不懈地追求，那么，欢乐的灵魂，就是你永不枯竭的财富。而闷闷不乐也往往只能说明，你缺少一颗爱自己的心灵。

你不爱自己，所以，你匮乏。你不会爱自己，所以，你把索求当成了理所当然的渴望。但，匮乏的生命，开不出一朵幸福的花，你要努力让自己内心丰满。

在我们身上，还有无数快乐的源泉没有开掘。与那些天生有缺陷的人相比，我们有着怎么样的幸运！所以，我们不要再总是抱怨，要学会从日常生活中发现价值。

不要忽略任何微小但却有价值的东西，哪怕只是暂时的美好，那也承载着只属于你的欣悦与欢喜。

不要以为路旁的野草不值得驻足欣赏，不要以为喧嚣而熙攘的人群从来就不值得留心，学会在平凡中丰富自己，在日常生活中满足自己，我们就不会错失幸福和快乐。

我们其实比自己想象中更富有。只要你学会培养欣赏周围点滴事物的习惯，让善良、仁慈、友好、真诚、质朴等生命中最令人神往的情感和品质，不断丰满你的内在。

当你担心的时候，不妨笑一笑

> 如果心里总是自我设限，就不会有什么大成就。

有个年轻人，在自己的腿伤痊愈后，却还是一瘸一拐地行走，因为他的心理完全左右着他的行为。可见人是会被习惯左右的动物，想要改变命运，就要改变习惯。

最能扼杀人类创造性的，是自我怜悯和自我安慰的习惯。在这个过程中，我们的自信会被摧毁，能量与勇气会被消磨。如果想将能量与精力运用于工作中，就必须有足够的自我表达能力，并且不怕任何阻力。自怜时，你会认为自己这也做不了那也做不了，心智马上降一个等级，创造力也大打折扣。

有一个很有天赋但却总是不断怀疑自我的人，由于生怕自己的身体不好，吃东西时总是反复掂量哪些能吃，哪些不能吃，哪些适合自己，每吃一顿饭都怕消化不良。这种情绪让消化系统不堪重负，结果他真的消化不良了。

出门在外时，他总会自带名牌咖啡与茶，还有一些早餐食品；在酒店就餐时，总要点一些特制食品；当别人感到闷热难耐时，他总想着要关紧门窗，防止自己着凉。

他时刻关注着有关专利药品的广告及医学方面的书籍，思考着如何为可能染上的疾病寻找良方。结果每次遇见他，他的身体都会出现某些新疾病的症状。

他一味地惦念着自己身体上的病痛，一味地自怜，想象着各种可怕的事情，害怕它们随时降临在自己头上……

他认为，无论做什么事，都会带来某些坏结果。这种思维方式带来的结果就是，他的才华被消磨殆尽，他成为了一个生活的“侏儒”，而不是原本那个很有思想的人。若他能挣脱加诸自身的枷锁，从病态的狭隘思维中走出来，就能活出真正的自我。

医生说，他的身体没有任何问题，问题出在心理上。他过分爱惜自己的身体，幻想着各种疾病带来的痛苦。他耗费了大量时间去研究疾病的症状，这让他失去了活力，成为了一名无可救药的疑心病患者。是心中幻想的一切摧毁了他，而不是所谓的疾病，他，是自己想象力的受害者。

一个本应大步前进的人，却小心翼翼地匍匐不前；一个本应努力成就自己的人，却不敢有所作为。归根结底，都是因为他过分关注自己，才使他成为了病态思想的奴隶。

人们取得的成就是难以超越自己想象之域的。如果一个人总认为自己体弱多病，认为自己什么都不能做，那他就真的什么也做不了。所以，如果心里总是自我设限，制造一些人为的障碍，那么你就不会有什么大成就。

对神经与想象功能上的疾病而言，任何能够让人的身体变得强壮的东西，都是有疗效的。但最有效的治疗还是心理上的自我治疗。

一位长期专注于神经疾病研究的医生发现，病人很难从药物中获得满意的疗效。于是，他试着让病人在任何情况下都保持微笑，无论他们愿意与否，都要保持微笑。

“让你的嘴角上扬一下”，这句话是他开给那些抑郁症患者的良方。他要求病人，无论多么悲伤或忧郁，都要保持微笑。

他说：“微笑，微笑，不要停止微笑。不管自己的心情如何，只需让嘴角上扬，再看看这样做了之后的心情会如何。然后写下来，看着自己一点点地变化，你会发现，微笑真的有神奇力量。”他要求病人的嘴角要有上扬的弧度，即便这不是病人真正愿意做的。但病人会慢慢发现，自己居然就这样好起来了。

微笑，的确是一剂良药。原因很简单：微笑会遇上微笑。你对世界施予温暖，你得到的温暖就会更多。所以，当你担心的时候，不妨笑一笑吧！

当下种种注定你的未来

> 世界那么大，为什么独独你的矫情和忧伤无处安放？

我很难理解为什么大多数人都拉着一张忧虑的脸，也很难理解他们为什么总是像一台台过度运转的机器那般僵硬、呆板。他们毫无生气，却又紧张不安，好像时刻被警察或侦探跟踪的嫌疑犯一样。

其实，我们不必每时每刻都处于忧虑之中，也没有必要板着脸，岁月从来不会亏欠谁，何必过得那样惊慌、不满？

一个人也要能正常地生活，一个人也不要忧郁不安。工作时不要抱怨连连，度假时不必满心忧伤。没有谁有资格对别人摆出一张臭脸。

所以，比彻说："远离整天对生活不满的人吧。如果穿过一片树阴，看到有小鸟飞过，你还无法开心起来，那就应该仔细审视一下自己的心态问题了。你们应该接受心灵的洗礼，好好地想一想，世界那么大，为什么独独你的矫情和忧伤无处安放？"

一位年轻牧师，布道时总是紧绷着一张脸，一看到那样一张脸，我就非常郁闷。情绪是会传染的，其传播速度甚至远远超过病毒。可想而知，那样的布道方式，让教堂中的每位礼拜者都感觉非常压抑。当然，我承认，他并没有重大人品问题，甚至，还算得上诚实和克制，他虽然为布道的内容做了大量的准备，但他的严肃和古板依然让人讨厌。

这样的人如何来做人类精神的导师？

他无法为任何人带来任何一丝心灵上的鼓舞。那板着的脸，那没有生气的举止以及那冷冰冰的语言，对听者而言，不啻是一种折磨。

人们原本就很压抑，在走出教堂时变得更压抑了。满脸阴郁的人依然满脸阴郁，没有勇气的人也依然没有勇气，这场仪式没有让谁变得更加积极，更遑论设定生活目标，寻找人生意义。

那些不安的人，带着不安的感觉，听一个不安的人说着不能对人产生安抚的话，那些不安便在内心里持续地放大着。

该怎么去解释这种不安呢？不安全、不安分、不安稳、不安静、不安宁、不安心……

你要知道，在真正的宗教世界里，是不会有任何悲伤和沉郁的，所谓的宗教，不过是人类安放灵魂的地方。即使没有当下的利益，还会有将来的补偿，个体渴望的一切，都可以在彼岸世界里实现。所以，宗教首先是让人乐观，让人有希望，让人相信自己此身虽不完满，灵魂却不会飘零孤单。

上天赐予我们生命，是让我们坚定理想信念，追求幸福人生。你当然会难过会痛苦，当然也会沉湎于悲伤。但是，只要我们能不断拓展心灵的境界，懂得为自己而活的真谛，就会更加热爱这个世界。

有一种观点认为：我们应该牺牲生活品质去换取更多的财富。这是极其错误的。

记住，世上有些东西比赚钱更重要。健康、家庭、友谊等等，这些都比金钱重要千百倍，因为只有它们才能支撑起你的渴望——爱和被爱。

愤怒、生气、抱怨，说到底，都只是你对自己无能的发泄。

生命是一场早就注定了结局的苦役，种种当下早有前因，当下种种也已注定你的未来。

如果我们不能从现在开始一点点地改变自己，那么，不难预见，你的命运只会沿着它的惯性轨迹前进。改变物理趋势就要改变力学结构，改变命运趋势就要改变惯性。

我们没有办法改变全世界的惯性，所以我们只能改变自己的惯性。

学会换一个角度看待这个世界，你要审视的，是对不安和损失的态度，而不是造成不安和损失的原因。因为，我们无法把握世事无常，却可以做自己心态的主人。

不安和损失将会永远存在，这是一个不得不接受的事实。但存在即合理，你要相信每一种相遇，都是有造物主特别目的的。你在，那么，发生就一直在，无论好与不好。

所以，学会和不安相处，学会让自己享受各种结果。

人生没有遗憾，若是美好，那叫作精彩；若是糟糕，那叫作历练。所有的经历，就像花朵，没开的时候是孕育，开着的时候是灿烂，开完的时候，就是完美。

没有人比你自己还值得你深爱

> 用坚韧和感恩去面对那些艰辛，生命总会给你丰厚的回赠。

我们都知道，风趣、乐观与激情可以将白水般平淡的生活变成醇香的美酒。而感恩，则可以让这美酒的色泽更加晶莹。

“我的兄弟最近生病了，因为他住在‘抱怨大街’。”一位诙谐的约克郡人说，“我在那里住过一段时间，身体一直没有健康过。那里空气浑浊、房屋潮湿、水质恶劣，连鸟儿都不会驻足，更别说能听到天籁般的鸟鸣了。我倍感忧郁，于是便逃了出来。现在，我住进了‘感恩大街’。从那以后，我身体恢复了健康，我的家人也是如此。这里空气纯净，气候适宜，阳光会洒向房间，鸟儿会飞来歌唱。我感到无比快乐和幸福。现在，我总是强烈建议我的兄弟搬到‘感恩大街’。那里有很多房子出租，假如愿意过来看看，他们会彻底改变自己对生活的看法……”

面对生活中不期而遇的困难和正在经历的艰辛，有人没有足够的能力去克服。无法回避，同时又无力去改变这些问题，于是，他们选择了抱怨，不断把自己的阴郁悲观的情绪传播给别人，仿佛全世界都欠了他们一份永乐长安。

生命幸运与美好，好像从来与他们无关。没有人愿意碰到他们，遇到了也会退避三舍，因为没有人会喜欢他们如幽灵一般的抱怨。

“所以，为了维护人生的尊严，即便是身处劣境，我们也得有所节制，不去传递阴暗和抱怨。用最高尚的情怀去做博爱的事情，有时倒是一种对自我的成全。”法国哲学家查尔斯·瓦格纳这样说。

在这个世界上，不是所有的事情都能按照自己的愿望存在或实现。但你不再抱怨，学会用坚韧和感恩的心态去面对那些艰辛之后，生命总会给你丰厚的回赠。

一个真正拥有良好教养的人，会懂得，自身再怎么烦恼，再怎么不满，再怎么悲伤，都没有资格不加掩藏，随意侵扰别人——这是一种最基本的自律。

每一个人，都要为自己的情绪负责。学会让自己的心智成熟，学会让自己的人生变得醇厚芬芳。如果我们没有敢担当自己情绪的勇气，就会失去生命的尊严，失去人格的品质，心灵上也会走向不归路。

学会了承担，才能学会爱。要知道，遇到再多的忧伤、疾病、挫折和痛，都只能独自扛过去。

你可以用自律静默地埋掉那些烦恼，不可以用这些打扰别人的生活。懂你的人会因这种自制更加爱你；不懂你的人，就让他们说去吧！

要知道，很多时候，世界与你无关。

萨维奇博士说："你当然有权把今天看作悲伤而无趣的一天，但是，你真的要为弄湿的地板或弄脏的衣服而闷闷不乐一整天吗？为什么不想想，是怎么样一股神奇的力量，让这个美丽的星球旋转，又是怎么一种力量，让一个你恰好在一个地方，恰好看到一缕阳光洒下，恰好照亮了天空，又恰好蒸发了叶子上的露水？不要让生命在神奇的循环中郁郁寡欢。"

铅灰色天边的片片雪花，是上天降下的甘霖所化；草地上一朵小小的野菊，也能愉悦你的眼睛。那些所有你能看见的东西，都是可遇不可求的美好。那些让你赞美的一切，都配得上你发自肺腑的感恩。

有感恩的心，便不会缺少感恩的事。学会欣赏这个世界，告别从前种种，告别昨日死去的自己，从此开始，不再抱怨，学会承担，为每一天献上感恩！

你首先要喜欢自己，才会成为一个值得被爱的人。相信生命，花开花落都值得你珍惜；相信自己，所有的痛苦和磨难终将过去。

学会爱自己，学会感恩这个世界，学会给自己勇气做自己想做的自己。

没有人比你自己还值得你深爱。

不必一定要去远方才能看到美好

> 一个人的命运，只能存在于他的心中。

很多高中生会想当然地认为，进入大学之后，生活就会一下轻松起来；大学新生则认为，大学毕业的时候，一切就好了；而毕业生则想着在走进社会之后，就会好了。他们都一致认为，只有创业成功，或找到一份自己心仪的工作之后，才有可能开心起来。

所有涉世未深的年轻人，都在期望日后的幸福时光。如果能积攒足够的钱去买一幢美丽的房子，如果自己突然发达，终于可以衣锦还乡，那该是多么的令人羡慕。但是，当他们实现了这个愿望之后，又觉得事情并不如以前想象的那样美好。因为他们不知道，人是很难摆脱之前的生活习惯的。所以，如果总是想在功成名就后才去享受所谓的幸福，那么，他们很有可能一辈子都享受不到。

有一个朋友，有时非常讨厌被自己的孩子天天缠着。作为一名父亲，他深知，孩子对“游戏”的重视程度就像自己对工作一样。所以他白天忙工作，晚上忙孩子，日子虽充实，却也疲累。

一天晚上，孩子还没有听他把故事讲完，就沉沉地睡去了。他悄悄地退出房间，捡拾孩子在客厅里弄散的一地油画棒。也许因为感觉无聊，也许因为一时心血来潮，也许因为被记忆触动了，他一屁股坐在地上，拿起油画棒，在儿子丢弃的纸上一笔一笔地画了起来。他越画越投入，越画越开心……他发现，自己拙朴的画技虽然一直停留在小学水平，但是投入其中的快乐却似乎并没随时间消退。

他突然发现，他整日忙于陪工作、陪老板、陪客户、陪妻子、陪孩子、陪父母，几乎完全失去了自己。也许，我们再怎么努力弹琴，也成不了肖邦，再怎么喜欢歌唱，也无法养活自己……于是我们把所有不能作为营生的快乐，统统地抛在了脑后。

执着于某种幻想，会让我们失去从寻常中体悟快乐的能力。其实，即便是孑然一身，我们依然可以活得很开心。你想要的一切，如果不能在当下就体验到，那么即使某天理想实现了，你也依然不会有什么幸福感。所以，不要等着明天才学会快乐和恣意，也不要等着下一个十年或发财之后才出国旅游。不必一定要去远方才能看到美好或体验快乐。

卡能·法拉尔说："如果我们只有在未来才能看到生活的色彩，那么现在至少要看到一些端倪。一个人的命运，只能存在于他的心中。"

一路上，对于与前方目标无关的事物，我们一概不管。也许，我们能找到想要的一切，如财富、名声，但是为此付出的是审美与社交等能力的萎缩，以及心智的退化。如此一来，一旦离开大半生形成的寻常轨迹，他们就再难享受生活的乐趣了，因为他们的单向思维已经无法适应真正的生活。

不要以为钱是解决所有问题的万能药，别把所有精力都放在赚钱上。如果一个人物质丰富而精神匮乏，那么，他就会感到十分空虚和无聊。

也别把生活模式商业化，将逛街和购物作为自己最大的乐趣，你本应该享受生活本身的精致感与美好感。

过去养成的生活习惯和未来的发展趋势在很大程度上将决定幸福的质量。所以，无论你赚多少钱，都不会提升享受生活的能力。但若你为人友善、公正、慷慨、乐于帮助他人，若你锤炼了社交能力，诚信赚钱，若你追求成功的方法不是打倒别人，而是提升自己……那么，你就会过得很开心。

是的，美好不一定存在于远方，快乐不一定不在身边。

一位作家对我说："我们对待快乐的方式，就好似邻居处理葡萄干一样。"

当葡萄在树上开始结籽时，孩子说："妈妈，让我吃几颗葡萄吧。"但是，母亲不舍得采摘这些青嫩的葡萄，想等到成熟后再说。等葡萄成熟之后，孩子又过来乞求。此时，母亲却决定将葡萄保存起来做果冻。果冻做好后，她又想在所有的工作完成之后再吃，那样就可以舒适地享用了……最后，看似万事俱备时，烈日曝晒，小鸟啄食，还有不期而至的暴风雨也降临了。没多久，树枝上的葡萄就所剩无几了。

对待幸福与快乐，亦是如此。我们应该庆幸每天都有新的开始，但我们该如何享受未来呢？那就是活在当下，不要让磨难、厄运或烦恼将我们抛离原来的方向，如此，我们终有一天可以收获健康、财富与朋友。如果我们总把希望寄托在未来，谁能保证，头发熬白时，那些“葡萄”还会在树上？

“真正的幸运在等待着有资格享受的人。”亲爱的，现在你明白这句话的真谛了吗？

从现在开始，感觉身边的幸福

> 幸福很有可能就在你当下的每一秒钟对自我的确信里。

人，生来就是要追寻幸福与快乐的。每个人都对享受愉悦之感、追求生活乐趣和获得人生幸福有着强烈的欲望。

若是请世界上绝大部分的人说出他们最重要的三个愿望，那么应该是：健康、财富与幸福。若请他们再从这里面选出一个最重要的，那么，多数人可能会选择幸福。

每个人都在不停地追寻幸福，或许他们没有觉察到这一点，但这可能却是每个人行为的最高动机。我们努力地创造美好环境，为的不就是让自己的将来过得更舒适一点吗？

虽然，人类从诞生的第一天起就开始寻找幸福，但真正能感悟到幸福真谛的人却是屈指可数。那些一心想找寻幸福的人可能会发现，以歪门邪道行事，是根本无法寻觅到幸福的。真正的幸福并非通过某种精确的算计便可以获得的，也不是像猎人猎杀动物那样，靠某种可以一击即中的外在力量获得。幸福感永远是我们某种行为的产物，那就是，人生价值。

曾有人采访一位双目失明、身体瘫痪的作家：“难道你不曾为自己失去了幸福，再也不能走路、再也看不见东西而感到绝望吗？”他却笑着说：“幸福是多方面的，我认为自己仍然很幸福，因为创作产生了无比惊人的快乐，我仍能用自己的手为大家共同建造的‘未来大厦’添砖加瓦，这样我个人的伤痛便微不足道了。”

其实，稍有留意，我们就会发现，失望而归的幸福追寻者无非是以下几种人：一心只想着自己的人，一心只想找乐子的人，一心只想满足私欲的人。但幸福是双向的，只有一心为善、为人着想，才能找到真正的幸福。

幸福很有可能就在你当下的每一秒钟对自我的确信里，但是，绝大部分人，却并不拥有。虽然真正的幸福看上去如此简单，但简单和容易之间并不能画等号，而简单又非显然。于是，一些人经常对那样简单的东西熟视无睹。

世上最简单、最平和与最朴实的东西，却往往最遥远，最难得到。

如果一种东西，脱离了自私、懒散、争吵和低级趣味，只能与内心的平和、真诚、善良、俭朴以及对美的追求相伴的话，那再简单都变成了超级复杂。而人的最大自我欺骗，就是在好不容易属于自己的年华里，忽视家庭，牺牲友情，忘记自我学习，丢掉所有值得珍惜的东西，一心扑在不是事业的事业上，把对钱的热爱，当成对幸福的追求。你要知道，人的一生真的很短暂，在无尽的岁月里，可能连沧海一粟都算不上。

所以，如果我们将自身的能力与机会都转化为金钱、财富等物质性的东西，而忽视了物质之外的幸福，等到“发达”之后才晓得要爱自己，才能享受幸福，那么，那时我们就很难重新唤醒已经萎缩的领悟幸福的脑细胞了。

你其实不必等到某天飞黄腾达后才爱护自己，就像我们不必等到准备周全才出发一样，就像我们不能等到生活完美无瑕才考虑欣赏一样。

如果你没能始终保持欣赏美好的能力，那么，你就会像中年的达尔文一样，因为发觉自己失去了对戏剧与音乐的感知欣赏能力而无比失落和遗憾，感觉不到幸福。

我们对幸福的感受，取决于之前对生活、对幸福的定义和态度。学会爱自己，学会接纳不完美的世界和不完美的自己，看透生活，热爱生活，用自己的能力帮助更多的人获得快乐，我们就能得到幸福。

幸福，真的很简单。

爱自己的人不会伤害别人

> 没有争吵，没有辜负，即便岁月消逝，也要在优雅中变老。

不少成就斐然的人，也都深受心智疲乏之苦。他们在繁杂的事务中消耗着精力，任由自己身心疲惫，直至无力抵抗，只能让自己成为心智萎缩的受害者。

墨西哥女诗人胡安娜·克鲁斯说："我只愿在真理的追求中，消磨人生的空虚，而不愿在空虚中消磨人生。"

爱情里或者生活中最可怕的两个字不是磨难，而是消磨。生活的琐事如同一地的碎玻璃，将人的耐心与精力一点点消磨殆尽，再活泼的精神也难以抵抗这种摧毁。

数以千计的家庭主妇没有足够的休息时间，没有充足的睡眠，她们整天操心孩子，背负着维系家庭运转的重担，冗杂而单调的生活已经足以破坏年轻的心态，并摧毁她们的健康。

而男人，除在上班时间里比较忙碌外，其他时间多是自由自在的。

很少有男人会知道，在家庭生活中，女性的工作量是他们的两倍，除了这些，还有很多让她们烦恼的琐事要应付。这些琐事看起来毫不起眼，然而，如果丈夫与妻子交换一下角色，不出一个月，大部分丈夫就会濒临崩溃的边缘。

最友好最快乐的夫妻，有时也要互相忍让、互相谅解。再温馨甜蜜的日子里，也总会有让人们不满或深感遗憾的事情。如果天天将眼光放在鸡毛蒜皮的小事上，生活就乏味了，幸福就模糊了。

在许多不和睦的家庭中，大部分的摩擦其实都是疲乏的大脑不堪重负导致的。而且，我们给别人带来的大部分的心理创伤往往都是无意间造成的。那些尖酸的话语、肆无忌惮的批评，显得那么冷漠，那么不友善。

我的邻居约瑟夫经常和太太珍妮吵架，有一次我听到约瑟夫攻击珍妮："为什么上帝将女人造得那么愚蠢呢？"他觉得这样就可以让珍妮感到羞愧，但是珍妮却反唇相讥："道理很简单，不把我们造得愚蠢，怎么会爱你们呢？"

看吧，当一件事需要用争吵来解决的时候，不能证明对方的无理，只能说明自己的无能。

其实，我们原本都有一颗善良之心，但当时的理智却被紊乱的神经控制了。有时，我们甚至对最好的朋友、最爱的人都会说出残忍无比的话来，这都是我们的神经紊乱、心神忧虑而导致的。有一些话，原本是我们绝不想说出口的，但是，烦忧、麻木、疲乏，将我们的自控力剥夺得一干二净。

对恶语带来的伤痛，不知有多少人耿耿于怀，长达数年难以释怀，有的甚至一辈子都无法忘却。其实，所有的恶语，都是我们的气头之举，本来是无心冒犯任何人的，但我们在被琐碎的事情烦扰得倍感疲惫之时，却喜欢伤害深爱的人或需要我们帮助的人。

不要企图伤害对方或是让对方屈服，爱自己的人不会伤害别人，如果承认两个人的差异，并及时调整自己的态度，许多争吵都是可以避免的。在吵架中没有胜利者，不是耿耿于怀，就是两败俱伤。

所以，亲爱的，愿你在天长路远中成为这样的女人：不炫耀，不浮躁，没有争吵，没有辜负，即便岁月消逝，也要在优雅中变老。

如果一颗心千疮百孔，住在里面的人就会被雨水打湿

> 爱自己的艺术远比其他任何事情重要。

托马斯·布朗爵士是这样形容一个可以控制自己内在的人的：“那些能管理自己的人，是自己内在的君王。他们挥动着朴素的手杖，内心的满足并不逊于世俗的君王。”这句话我深以为然。

那些能管理自己的人，都是爱自己的人，而对于每个人来说，爱自己都是一门艺术。但是对这门艺术，多数人都找不到一点门道。即使很多人已是商界领袖或行业领军人物，也从来没有去真正学习过怎样爱自己这门艺术，所以，对“如何才能幸福”这件大事，好多人一窍不通。

对于心灵——人的生命场——这个能量聚集的中心，我们几乎毫无了解，而它却掌握着我们成功与快乐的秘密。心灵不是肉体的一部分，而是在我们的意识里，心脏里，每一寸肌肤里。它是人的灵魂、心智与外部物质世界连接的唯一媒介，有着让人叹为观止的运作机制，仿佛一

座充满神奇力量的宫殿。每个人都有义务让自己的心灵一直保持极佳的状态，因为它的任何损伤，都会直接影响我们的生活。

今天学校教给学生的知识体系中，几乎没有我们最需要了解的这项知识——学会爱自己以及学会与世界相处。在中小学甚至大学，我们虽然学到了许多的基础知识，但很少能够在实际中用到；另一方面，我们却吝于花时间和精力去探讨与自身成长最相关的话题——心灵与幸福。

许多大学生可能懂得很多濒于灭绝的古老语言，也对地球的知识了如指掌，甚至对历史学、政治学、哲学乃至社会学都有广泛的涉猎，但他们却绘制不出关于生活或幸福的蓝图。

其实，我们的心灵比世界上的任何东西都重要，但是，关于这方面的知识却寥寥无几。

爱自己的艺术远比其他任何事情重要。只是，许多人浑浑噩噩地度过了漫长的一辈子之后，对爱以及心灵的了解还是懵懵懂懂，不得不说，这太令人遗憾了。

心灵蕴藏着我们的气质、欲望与本能，结构和功能极为复杂，所以需要我们有足够的适应力与极大的专注力去领悟。

打个比方来说，一个富豪购买了一辆世界上最奢华的汽车，但却让一个根本从没见过汽车的人来当司机，然后，带上全家人乘坐这辆车去周游世界。这样做安全吗？答案很明显，不安全。要想成为一名顶级的司机，必须要对汽车知根知底，了解汽车的每一个部件，熟谙每个部件与整体的关系，因为生命安全依赖于掌握专业的知识和能力。

同样，我们的心灵也需要专业知识来认识。

心灵是一个生命场，以“场”的形式与其他器官发生相互作用。同时，心灵也是一个能量场，是通过人体对食物的消化吸收转化而来的，并且这部分能量只会在履行其自身的功能以及维持其成长发育的过程中才能被消耗掉。

但是，在人体这个由数以亿计的细胞组成的神奇机器里，各部分却能互相调整，每个掠过脑海的念头，都有可能牵一发而动全身。

爱自己的人，绝不会像大多数人那样，让自己这台肉体机器超负荷工作，不会以暴饮暴食、过度节食或紊乱的生活规律来损害自己，伤害自己卓越的生产力。她们不会让怒火、仇恨、担忧与恐惧在敏感的大脑或神经细胞中持续——这会让身心机器运行停滞。相反，她们会想方设法保护这一敏感而脆弱的系统，以使它免受任何身体或敌对心理的侵犯。

如果不掌握人体工程学，就不知道如何保养心灵，不知道如何维持其良好的运行状态。

如果你懂得如何科学地、最大限度地利用你的身体，就可将一切事情看作是铸造人生杰作的材料，正如米开朗基罗将其人生的所有经历都描绘在一张张伟大的画作上一样。

到目前为止，科学家制造出的最顶尖的火车头，其传输动力的效率也低于原煤能效的20%，煤电的能量通过电线传输到千家万户电器中的效率仅为1%。即便在性能最佳的状态下，人体机器也没有火车头或灯泡那么高的利用效率。实际上，我们所利用的只是人类能量与智慧中少得可怜的一小部分而已。

在良好的管理下，你的大脑可以大大地提高工作效率，促使心灵更加和谐。管理不善的话，我们的心灵就会布满尘埃，难以发挥内在的潜能，生活也会变得举步维艰。所以，那些更成功的人，也更懂得在日常的磨损中不断修复自己的心灵机器。

但是，在生活管理的艺术上，没有谁可称得上真正的专家或大师。

你认识的人中，真正感到幸福的应该少之又少吧？几乎每个人都在努力地追求幸福，想让自己真切地感受到幸福的滋味，却总是事与愿违。

我们总是抛弃和谐，制造事端，因此产生不幸福的感觉，心灵紊乱的我们却不知道如何去修复这些缺陷，这是我们不愿意为成为一名“人体工程学”专家而必须付出的代价。

我们遭受到的打击、感受到的耻辱以及经历过的尴尬，皆是心灵没有得到充分的保养或合理的调整而导致的。如果你压抑、痛苦、忧伤、不自由，又怎么可能在心里腾出温暖的房间，让重要的人住在里面？如果一颗心千疮百孔，住在里面的人就会被雨水打湿。

所以，学会爱自己，就是要学会规划自己的生活，不过度停滞，不过度使用，保持某种程度的健康——不单纯是身体的健康，更重要的是心理的健康。身心健康，才是真正的健康！

为自己而活，过自己想要的生活，就得有所节制，有所坚持。照顾好自己，爱好自己，才会得到更多人的爱。

这才是活在当下的真正含义。

PART

2

唯有成为最好的人，才配得上最好的爱

学会了解、珍惜、宽容，
学会善意、付出、成长。
你要找到一个人，鲜活和丰富彼此的生命。
直到，爱让你们生活得更加幸福，更有尊严。

拥有笑容比拥有金矿更富有

> 若能享受生命每个刹那间的喜悦，那么活在尘世，如在天堂。

许多人的头上，似乎有把让人觉得恐惧的“达摩克利斯之剑”一直悬在半空中，似乎随时都有可能掉下来。所以，他们总是活得战战兢兢，对于快乐的享受，也总是会打折。即便他们在观看美景，眼前也会不时掠过魔鬼的身影。

“快乐才是我们真正的责任所在。”军事指挥家梅里曼说，“违反这一责任的人应受到囚禁的惩罚。任何人都不应该整天一副愁眉苦脸、泪眼婆娑、忧心忡忡的样子出现在别人面前。他有什么权利去将这种忧郁、压抑乃至自怨自艾的情绪传递给别人呢？一个人可能天生残疾或遭遇过很多严重的挫折，但是，他不应该处处广播自己的不幸，不应该将这些东西说给那些不愿意听的人，让那些被动的受害者觉得自己好像有十分的责任去看望或帮助可怜的他们。”

或许，你确实已经历尽沧桑，看透了这个世界，但是，你还是要振作起来，保持微笑，不要抱怨，不要犹豫，对自己说："我现在正处于自己人生最美好的时期。"

谁的生命不是充满了无奈和惋惜？谁不曾遭遇过不为人知的愁苦和感伤？但扛过所有的风侵雨蚀后，你才能迎来理想的岁月。

所以，不要再发牢骚了，不要在社交场合上躲躲闪闪了，发自肺腑地大声笑出来吧！不要担心会笑得冠缨索绝，相信自己，你可以活出自己的风采，你更可以璀璨如天边的星辰。

去撒播阳光，而不是抱怨；去给予快乐，而不是悲伤。若愿意与世界温柔相处，你所得到的比自己想要的更多。相信我，没有人会拒绝快乐，他们会愉悦地接受你所给予的一切美好。

有个面包店的老板，每天固定烤150个面包。120个出售，30个接济穷人。生意好时，常常面包一出炉就被抢光，但无论客人如何要求，他从不肯把另外30个面包出售。

"这是送人的，不卖！"他用十分坚定的口吻拒绝说。

说着，他用夹子把热乎乎的面包送给在一边排队的穷人。当看到穷人们接过面包时脸上露出的幸福笑容时，老板黝黑的脸上也绽放出明亮的色彩。

命运本身屈从于乐观的人，兵来将挡、水来土掩的生活态度是一份天赐的礼物，拥有笑容比拥有金矿更富有。任何人都可以用笑声驱赶烦恼，任何人都可以靠内在的力量让心灵充满阳光。有时候，你笑一笑，心情就好了。原因很简单，你对别人笑一下，别人也会对你笑一下，你感受到了世间的友好，所以心情自然就好了。

最高级的成功，就是学会多角度地看待这个世界。世事永远有它积极乐观的一面，无论你的人生召唤是什么，无论面临何等厄运，也无论困难如何挡道，只要下定决心走下去，只要不是遇到直接毁灭你的灾难，你都能从那些艰难困苦里获得重生，像浴火的凤凰一样。

如果你愿意让自己过得好一些，你每天都能获得很多生活乐趣。学会发现日常生活中的正向能量，让自己有勇气打破思维障碍，学会乐观与幽默，你就能提升自己享受生活的能力。无论环境多么恶劣，多么让人沮丧，只要我们愿意，就可以发现生活美好的一面。

对于处于人生起步阶段的年轻人来说，无论面对何种情况，保持积极乐观和热情的能力，才是亟须的。所以，从今天开始，坚定你的信念，让自己学会认识这个世界，学会接受这个世界，让自己好好地和世界相处，你就能成为一个乐观主义者。从此再无悲观的你，心里满是阳光，所有人都会喜欢这个撒播快乐的你。

你会知道，真正的快乐，不是狂喜，亦不是苦痛，是一种很主观的体验。愿你学会陪自己细水长流，愿你独自便可以享受碧海无波。虽然，你可能只是芸芸众生里的普通一员，但若能享受生命每个刹那间的喜悦，那么活在尘世，如在天堂。

若你做到了最好的自己，便没有不满与悲伤

> 每个人都应有一颗乐观的心，从平常的生活中看到不平凡之处。

一个农民的儿子问他的父亲：“什么样的人才算是乐观的人呢？”

“约翰，”父亲说，“我无法给你一个精确的定义，但对此我有自己的观点。也许，你记不起你的伯父亨利了，但我想，若是世上真的还有乐观主义者的话，他应该算是一个。亨利总是乐观地看待所有事情，特别是在面对一些必须去面对的困难时，他总会对自己说：‘事情并没有想象中那么困难。’总之，他就是那种天生就很乐观的人。

“就比如说我们一起去锄玉米地里的杂草，烈日炎炎，我汗流浃背，手脚越来越慢，这时，亨利就会抬起头跟我说：‘吉姆，没事吧？我们把这两排地锄好后，再加上十八排，就能完成一半了。’儿子，你知道吗？他说话的语气总是那么轻松好玩，当时，我情不自禁地笑了，觉得若是我们能完成一半的话，其余的也可以轻松地完成。

“锄地的活太累了，但是，还有比这更让人头痛的呢，那就是挑出

埋在泥土下的石块。在那个老农场里，这个活儿好像永远都做不完似的，但要想在地里种植什么作物的话，就必须要这样做。所以平常空闲的时候，父亲总是要我们去挑拣石块。

“但亨利与别人看问题的角度总是迥然相异，每次当我听了他的话后，我总会觉得世上没有比挑石头更有趣的事情了。有一次，锄完田地里的杂草后，我准备去钓鱼。但是父亲来了，要我马上到西边的田里挑石块，当时我差点哭了。此时，亨利对我说：‘不要这样啦，吉姆，我知道那里可有很多金矿石呢！’当然，当时他只是在跟我开玩笑，让我认为这片田地就是一个小金矿。现在回想起来，我可以很实在地说，当时我一整天都‘玩’得很开心。

“在忙完一天的工作后，亨利才对我说：‘让自己变得富有的唯一方法，就是把这些石块全部扔掉，而不是储存起来。’

“虽然这让我很不开心，但我却在玩耍中度过这段无聊的时光，没有感到半点的枯燥。那片田地中的很多石块都是被我在这样的心情中清除掉的。

“我不能就‘什么是乐观主义者’给你一个明确的答案。但假如亨利不算的话，我不知道这世界上还有谁可以称得上了。”

是的，乐观主义者的心灵就好比一面棱镜，悲观者看不到的东西往往能在棱镜上折射出彩虹般的绚烂颜色。

棱镜本身并不能制造出各种颜色，这些颜色本来就无处不在。和煦的阳光是由彩虹的七色汇聚而成的，棱镜不过是将它们分离出来，让肉眼可以分辨而已。同样的，每个人都应有一颗乐观的心，从平常的生活中看到不平凡之处，从周遭的事物中发现美的存在。

如果你有一颗阳光的心，那么，无论你到哪里，无论你在做什么，都会有欢乐伴随着你。你要相信，笑脸是最美丽的阳光，笑容展现到哪里，就会把阳光播撒到哪里，给不堪重负的心灵减压，让看到的人感受到温暖和希望。

无论是否有房有车，也无论是否拥有健康的身体，从名流巨富，到市井小民，在人生这趟短暂的单向旅程中，都有一个共同的终点。你可以看不懂这个世界，但不可以看不清自己。不要虚度，请认真地享受生命。

播撒阳光比美与财富的力量更加伟大，若你做到了最好的自己，就能让阳光、美与真理充盈你的心灵，从此你的世界里只有欢乐向上，没有不满与悲伤。

别只把温柔给陌生人

> 缺乏交流而产生的沉闷，是家庭快乐最常见的杀手。

你是否见过那种自私鬼——在俱乐部或商业伙伴中表现彬彬有礼、性情和蔼的人，一回到家中就甩掉那副虚伪的面具，因为觉得没有必要再去克制自己，便不再注意言辞了。他备受压抑的情感不加掩饰地爆发出来，没完没了地伤害家里人，就像一头发了疯的公牛一样，冲进屋子里，四处捣乱。

我们肯定都见过这种人。

这种自私之人实在是很有趣。我见过一个人，明明在家里火冒三丈地发着脾气，但一旦门铃响了，马上就会换一副脸孔，变得如绵羊一样温顺谦恭。他的脾气与门铃之间似乎有着某种神奇的关系。

就算这些人觉得自己要爆发了，若是有人来拜访，也会迅速平静下来。这种强大的自我控制力，在很大程度上是受虚荣与虚伪的力量控制的。假如被来访者看到自己在门铃响起之前的种种行为，他会羞愧得无地自容。

而在社交场合或在进行商业贸易时，即使出现了一些误会，自私鬼们也觉得有必要克制自己，仍旧保持原有的风度，不想让朋友看到自己卸下面具后的样子。在这方面，他们有着很强的骄傲与虚荣心。但一回到家中，就彻底失去了保持和蔼的意识，觉得自己有权利去做想做的任何事情。他们那卑劣且让人反感的习性，全都在家中释放了出来，他们根本没有想过，在家里也要克制自己。

夫妻之间因缺乏交流而产生的沉闷，是家庭快乐最常见的杀手。男人更喜欢在家里发脾气，对家庭事务颇为冷淡。这时需要做的是唤起他们对家庭的责任感，难道婚姻不应让双方之间都能获得快乐吗？

“一些妻子不知道如何让自己成为更好的伴侣，最后只能成为帮手，而不是知心爱人。但是，如果放任这种软弱思想，就会有更多自私男人只懂得索取，不给妻子成为亲密伴侣的机会。”约翰·洛根小姐说道。

妻子们希望能有人聆听她们的倾诉，希望自己得到他人的理解和赞美，这些与真相无关，但这一点恰恰是一般男人难以理解的。

在一次盛大的舞会上，布朗先生见到主人的姑妈，他走过去对她说：“您好，太太，我们很久没见面了。”

“是的，有几年了，你觉得我还年轻吗？”姑妈笑着说。

布朗先生认真地说：“不，你皮肤上多了不少皱纹呢！”姑妈的脸一阵白一阵红，尴尬极了。

这时，皮格先生来到老女人面前，一边彬彬有礼地邀请老姑妈跳舞，一边说：“恕我直言，姑妈，你是舞会上最漂亮的女人，如果你能接受我的邀请，我将是舞会上最幸福的人。”

姑妈高兴地伸出了手。

布朗先生坐在一边看着这对年龄不协调的舞伴。不知皮格先生对老姑妈说了什么，老姑妈像萌发了青春活力，舞跳得就像个年轻人那样富有活力。

舞会结束了。

布朗问皮格：“跳舞的时候你对老太太说了什么？为什么她那么高兴？”

皮格说：“我对她说：‘你太有魅力了，你愿意嫁给我吗？’”

布朗大吃一惊：“可是你根本不会娶她！”

“没错。可这话让她很高兴，难道你没看见吗？”

两人争执不下。

几个月后，皮格收到了一封信。这是老姑妈的遗笔：“皮格先生，谢谢你动听的语言，让我度过一个美丽的夜晚，我非常感谢你的谎言，让我生命的枯木重新燃起了青春的活力！”

即使是陌生人之间暖洋洋的假话，也可以让人感到温暖，何况是对妻子情意绵绵的感激之语呢？一个女人在充满暴力、缺乏交流的环境中，根本无法正常生活，只会像没有了阳光照耀的玫瑰一样，渐渐枯萎凋谢。

有些男人认为，只要不对妻子恶语相向，为她提供衣食住行，她就应该感到满足了。但是，朋友们，仅仅这样做，绝不能让自己的妻子获得应有的幸福。别把温柔只给陌生人，也留一些给你的妻子吧，她才应该是最值得你珍惜的人！

你并非不快乐，只是从未发觉

> 天堂就在你的脚下，任你去追寻；快乐就在你的心中，任你去发现。

我很喜欢希腊德尔斐城的阿波罗神庙，因为我喜欢它的庙柱上刻的三句箴言。其中一句是："认识你自己。"

是的，一个人来到这个世界上，需要认识自己，感知自己，这是一个人能否拥有幸福的前提。或许你会问，认识自己之后呢？

那就是：爱自己。

因为只有爱自己的人，才懂得爱别人；爱自己的人，才懂得发现生活中的快乐；爱自己的人，才懂得让自己随时都拥有收获的能力。

一位农民获邀参加一场农业委员会召开的会议时，就如何根据某个坡地的土壤特性来种植一种特殊的水果分享自己的经验。他只是简单地说道："没有什么秘诀可言，其实，无论是怎样的地形，也无论是哪种土壤，对勤勉的人而言，这些都不是最重要的。"

确实，许多勤勉的农民在贫瘠的土地上也能获得不错的收成，而就算是在肥沃土地上，懒惰的人也难以获得丰收。

这件事情告诉我们，在很大程度上，能否有所收获并不取决于我们所处的环境，而是取决于心灵对外界的感受和态度。在顺境中感觉到幸福，大家都可以做到，但是如果能在逆境中依然泰然自若，那么就可以享受到真正的幸福和快乐。常言说得好，“天堂就在你的脚下，任你去追寻；快乐就在你的心中，任你去发现”，结果都是由你自己决定的。

有些人希望在将来能完成一项伟大的事业，或做出一个轰动世界的壮举，但这样的“雄心壮志”往往会成为他们的困扰。他们发现，到了曾期盼的那个“将来”时，理想非但没有变得更近，反而更远。而在他们沉浸在幻想中时，现实中的种种美景，却被他们忽视了。这种习惯性的忽视，让他们失去的不仅仅是享受美的机会，还有心灵的愉悦和充实。

很多人为生计所迫，不得不依赖别人而活，或受制于单调无聊的工作，于是盼望幸福大门在某一天突然打开，自己再也不用依赖他人，再也不用做手上的单调工作了。直到自己被永无止境的伤心和绝望打击得头破血流，才终于发现，靠惯性的等待，任何心愿都无法实现。一个人想要的一切，只能通过自己的努力去获得，但他们却发现这实在难以实现。

其实，观察一下蜜蜂采蜜，你就能从中获得很多有益的启迪。在采蜜的季节，无论是在盛开的玫瑰花间，还是在毒刺满枝的野花之中，蜜蜂都能翩翩起舞，采取花儿的精华，享受真正的快乐。

如果只能看到美丽的玫瑰，而不能欣赏可爱的野花，那么，蜜蜂们是不可能采到香甜的蜜的。人也一样，视野狭窄的人，世界在他们眼中只有非黑即白的呈现，稍不遂愿，便觉得自己的三观又被颠覆了。

事实是，我们必须在夹杂着忧虑与沮丧的生活里，发现属于自己的快乐。

在漫漫人生旅途中，每个人都会为鸡毛蒜皮而烦恼，有时甚至因为一些小事而怒发冲冠。但是，人生本来就是一段艰难的路程，这是难以改变的现实，我们能改变的，只有自己。要知道，幸福就在兢兢业业之中，在与生活搏斗的过程之中，在心与心的交流之中，也在这熙熙攘攘的繁华世界之中。

一位富商花巨资收藏了很多珍贵的古董字画以及各种珍珠、翡翠、宝石，但他把它们锁在仓库里，很少去欣赏。有一天，富商突发奇想，决定让大厦的清洁工去看看他的藏品。

清洁工进去后，并未如富商期盼的那样流露出羡慕的神色，只是慢慢浏览了一番。等清洁工出来后，富商得意地说：“怎么样，看了这么多的好东西，大开眼界了吧？”

清洁工说：“是啊，我现在觉得我和您一样富有，而且比您更快乐。”

富商大惑不解：“你怎么和我一样富有啊？”

清洁工笑着说：“您所有的宝贝我都能够欣赏，不是和您一样富有吗？而且我又不必为那些东西担心，岂不是比您更快乐？”

其实，只要肯用心，大家就能发现快乐。就像有些人因为喜欢看到世界上各种稀奇事而坐拥挤的火车一样，在他们看来，一路上能跟五湖四海的人交流，认识不同国家、不同民族的人，便是件很快乐很有趣的事。

既然来到了这个世界，我们就应该坦然面对一切。

人，生而美好，就像作家塞缪尔·厄尔曼说的那样，“无论年届花甲，抑或二八芳龄，心中皆有生命之欢乐，奇迹之诱惑，孩童般天真久盛不衰”。我们要做的，就是不要在岁月的长河中，把这份快乐丢掉。

生活里，看得见的地方很重要，看不见的地方更重要。别让纠结耗尽你的美好，不要急着让生活给你所有答案。即使你向空谷喊话，也要等一会儿，才会听见绵长的回音。只要你肯等待，只要你肯努力去发现，生活的美好，总会在你不经意的时候，盛装莅临。

每一天耕耘都会有收获

> 有许多美好的东西，也许只有在今天才可以得到，到明天便不能再拥有。

以色列人教导孩子说：“希伯来的孩子就算是在穿越茫茫大漠时，也能在漫天的风沙中找到食物。但是，有些人的信仰并不坚定，他们试图储备一些食物，以备日后之用，所以在路途中，不去寻找食物。要知道那些储备的食物，最后总是会用完的。没有新的收获，即使事前准备得再充分，也会用完。新的积累或开源，比一开始就准备周全要可靠得多。”

以色列人深信一个道理：自己不能为未来准备什么，但每一天都在耕耘，就可以让自己不断有新的收获。

是啊，收获幸福就像收获食物，必须每天都有新的积累。可惜的是，很多人的想法仍然是：“我一定要准备周全才能上路……”他们总是将当下的幸福寄托于准备的周全，这样的人，到了明天会惊讶地发现，他们只是重复着昨日的路。自己期待的幸福，在残酷的现实面前，被摧毁得连点渣滓都不剩。

不妨活在当下吧！

有许多美好的东西，也许只有在今天才可以得到，到明天便不能再拥有。比如表达爱意，有多少人迟迟不肯表达对彼此的爱，直到斯人已逝才后悔莫及？珍惜今天，遵从自己的心意，及时说出自己内心的好感和爱意，不要让自己和自己爱的人留下遗憾。

相信我，人们喜欢听到你的表达，喜欢你的帮助，现在，正是你给予的最佳时期。我知道，没有得到过爱的人无法给予，他们的情感世界是干涸的，但是，我们还是要给予爱，那就从给予自己爱开始吧！

给自己爱，并不是自私。我们只有了解自己的需求，才能更加明白别人的需求。我们知道自己有并不喜欢的东西，所以也会尊重他人的一切不愿意和不妥协。我们不是生而孤独的，只要你愿意向这个世界敞开胸怀，世界就会拥抱你。

懒惰只会带来永恒的绝望

> 人生的主要乐趣是表达，而非被动地接受。

有些人总是想当然地认为，别人替自己做肯定是最好的，这种错误观点深入了很多人的潜意识之中。波斯王子以惊讶的眼神看着跳舞的英国绅士与女士时，发出了这样的感慨：“他们不会请人跳舞给他们看吗，干吗要自己去跳？”

传统的波斯贵族生活让他觉得，欣赏舞蹈要比跳舞本身更有乐趣。然而，夏洛特·帕金斯·吉尔曼说：“将生活的乐趣定位于外部的感官刺激，这是一种最为狭隘的观点。”“人生的主要乐趣是表达，而非被动地接受。”

亲自创作一幅画作比欣赏更有趣；自己一展歌喉，要比听别人歌唱更愉快。若是人的各种感官都得到了满足，他很快就会觉得无趣。一个人历经千辛万苦取得成就之后的巨大满足感，是另一个人永远也无法体验的。

并且，人有一个普遍特点，不是自己努力挣回来的东西，大多都不会珍惜的。相比于不劳而获，辛辛苦苦赚来的钱才更让我们感到珍惜。

一些年轻人，从来不想兢兢业业地工作，还总会抱怨旅行是多么无趣，艺术画廊是多么无聊……懒惰者无法享受旅行的乐趣，为什么会这样呢？因为他们失去了生活的热情，难以体验到真正的生活滋味。真正的生活滋味源于认真完成一件事的成就感。比起终日无所事事的人，辛苦工作之后的人更容易开心地享受假期，并且觉得其中的每一分、每一秒都有着无穷的乐趣。

幸福源于身体机能的正常运用。任何功能或才华，如果不被发掘，都会逐渐退化。这是一个基本的法则。一个农场，一幢建筑，一台机器，若是长时间弃置，就难以正常运转了。真正快乐的人，是及时了解自己的优点并加以运用的人，他们忍受不了一事无成而让人生的幸福之光黯然失色。他们只会因为自己没有好好挖掘潜能而自卑。

除了休息与养精蓄锐之外，任何形式的懒惰只会让人生走上荒芜的道路。

懒散并非人类的天性。无数现象都表明：人是需要工作，是喜欢创造的。假如世界上所有的创造发明（比如铁路、飞机、电话……）的痕迹立刻从地球上消失，到那时，谁还想待在地球上呢？那时的世界将是多么可悲！

现代生活最让人沮丧的一点，是越来越多的人漫无目的地活着，不思进取。他们的主要事情就是寻乐，因为他们的内心深感失落。他们不知道，幸福源于人们做事时的满足和贡献。

事实上，对好逸恶劳的人而言，幸福是不存在的。

有序的工作能让人类处于一种健康的状态中，能让人获得心灵的满足，让人不断进取。工作是生命活力的维持者，也是消除忧虑的重要武器。

懒惰的人，很多本身是有工作能力的，只是懒得去劳动而已。他们这样就真正轻松了吗？不，他们的内心更难以快乐、舒畅与满足。若一个人拒绝工作，他的心灵失去了某种动态平衡，就会狂躁起来。他们的注意力不得不从一件事转移到另一件事上，从一个地方转到另一个地方，总是徒劳地找寻着一些能够带来满足的东西。

懒惰、散漫之人也无法获得别人的尊重，他们妄想别人成为自己欲望的奴隶，自己可以坐享生活的美好，但内心总会隐约地告诉自己，自己是一个小偷、懦夫。这样的人生毫无乐趣，不得安宁。

懒惰者的生活沉闷而单调，即使那些游手好闲之徒偷窃了别人辛苦得来的成果，最终也会被社会丢弃——奔跑的时代不会容忍这样的“硕鼠”。

世上本没有懒惰者的容身之处。世间的一切都为兢兢业业的人所拥有。造物主会逐渐拿走原来赐予懒惰者的东西，最后，他只能两手空空地悲惨生活。

幸福不和停滞不前的人做朋友

> 不愿有任何付出的人，是与幸福快乐绝缘的。

通过努力去成就自己，这应成为人生的一部分。若拒绝付出努力，怎能期望获得恩赐？获得真正的幸福只有一个方法：不畏艰难，认真努力地完成每一件事情。

古雅典伟大的演说家德摩斯梯尼天生口吃，说话含混，还有耸肩的坏习惯。在常人看来，他没有一点当演说家的天赋，人们觉得，一名出色的演说家必须声音洪亮、发音清晰，任何一个难看的姿势或动作，都会引来讥讽和嘲笑。

为了成为一名演说家，德摩斯梯尼进行了异常刻苦的学习和训练。据说，他抄写了八遍《伯罗奔尼撒战争史》；为了改进发音，他把小石子含在嘴里朗读，迎着大风和波涛讲话；为了改掉说话耸肩的坏习惯，他在左右肩上各悬挂一把剑……

经过多年的努力，他终于成为古雅典最具雄辩能力的演说家，他的著名的政治演说为他建立了不朽的声誉。

看吧，付出才能有收获，想要取得多大的成就，必须付出多大的努力。

这个世界上的辉煌业绩和杰出成就，无一例外地需要勤奋才能取得，不管是文学作品还是艺术作品，不管是诗人还是艺术家。

除了全身心地专注于自己的目标，忘我地工作以外，天才与常人别无两样。那些靠天赋取得的成绩，同样可以通过勤奋获得；而仅靠勤劳取得的成就，光靠天赋是无法得到的。

持之以恒是所有伟大人物的共同个性，上帝会保佑那些习惯早上7点起床的人。

坚持自我能让生命的视野更真实，能时刻鞭策我们去追求最高的理想。最高理想的产生、成长与终极目标之间，有着某种至关重要的纽带——我们的决心和信念，它们在维系着一切！

不愿有任何付出的人，是与幸福快乐绝缘的。一无是处的人，不要妄想自己还能享受快乐。因为快乐与勤劳是共生的，割裂两者是致命的错误。

幸福不和停滞不前的人做朋友。人必须要让内心的某种力量得到扩展与提升，要被一个高尚的目标指引着，否则将失去生活的乐趣。

一个人整天闲着无事，很快就会失去原本的自信。退休的人通常会感到闷闷不乐，因为他们发现自己往日的精力无处安放，发现自身原来充沛的体力在下降。

在人生旅途中，我们要保持勤奋和努力的心态。不要因为沉溺于享受而忘记了一切幸福都要靠努力得来，不要因为不愿付出努力而辜负了人生这一趟美好的旅行。

赠人玫瑰，手有余香

> 我们应下定决心，绝不能让任何东西阻止我们走向自我完善的道路。

有一个老太太，非常有钱。一天，她无意中对我说，她很想买一样小东西，可是没空上街，所以很发愁。我自告奋勇地帮了她这个小忙，想不到她竟眼泪汪汪地说："你真好，肯为我跑那么远的路！"我只不过花点儿时间，便让她那样感激涕零，让我觉得自己好像倒欠了她的情似的。

不过由此可见，最好的礼物莫过于自己的时间。任何礼物，如果没有送礼者的用心，便没有意义；如果没有表现出花费的时间来，便总是显得不够用心。可是，许多人宁愿去花钱，而不愿意花时间去准备一份礼物。

做人需要慷慨，你没必要累积那些对自己没用的东西，而如果你去慷慨地赠予的话，则会大大提升你的自我品格感、价值感与幸福感。你可能没有自己想象中的那样有吸引力，但赠予，却因能柔软你的心而让你变得更有吸引力。

那些你不看的旧书，散落在你的书房或家中某个角落里，对你来说已经无用了，但对于在穷困中还渴求知识的人来说，它们却有难以估量的价值。你不妨把它们整理好，赠予他人，赠得越多，你就越能感受到快乐。

一个女孩，非常喜欢音乐，但她却由于出身贫寒，一直都没钱去买乐器，每天只能在厚纸壳上画出键盘的形状，然后在上面练习，经常一练就是好几个小时。

有一次，她去一个富人家里参加聚会，在晚餐之后，女主人带她参观了自己的家。“在阁楼那里，”这个女孩动情地说，“我看到一架古老的钢琴，当时，我真愿意用我的一切去交换它。如果每天都有机会用这架练习，那该多好！整整一夜，丰盛的晚餐，华丽的装潢，昂贵的名画以及其他奢华的东西，都没有在我脑海里留下什么印象，我念念不忘的，只有那架放在阁楼上无人弹奏的钢琴！假如当时可以拥有这架钢琴，不知该多好……但是，我没有勇气开这个口。”

在这个世界上，有多少这样的年轻人，挣扎着想要登上音乐殿堂，但却因为没钱买任何一架钢琴或别的乐器，而不得不错失自己的理想。如果可以，请将你不用的钢琴或其他乐器赠予那些最需要的人吧！

“赠人玫瑰，手有余香。”唯有赠予会让你的身躯更加伟岸，视野更加宽广。

许多人在发迹之前，一直压制享受幸福的需求，对自己苛刻，对别人也不大方。拥有很多金钱之后，他们才惊讶地发现，之前窖藏的“食物”已经发霉了，他其实一开始就可以享受这些快乐——分享和温暖。

幸福不会迟到，但只是心动而不行动，或只顾收取而不播种，只会让幸福转瞬即逝。无论世事如何变幻，也无论自己成功与否，任何事情都不能剥夺你分享的权利，自然也剥夺不了属于每一天的快乐与幸福。我们应下定决心，绝不能让任何东西阻止我们走向自我完善的道路。

改变思想，就是改变自己

> 无论现在的你有多么让你失望，你都不要失去相信自己的勇气。

影响幸福的七宗罪包括：

喜欢攀比。

信念摇摆不定。

忽略身边美好的事物。

只想收获不愿付出。

不知满足。

缺乏信任。

容易焦虑。

所以，为了获得幸福，我们得学会改变自己，因为我们总会有这样那样的缺点影响我们接近幸福。

我认识一位曾经做过肿瘤切除手术的女士，她总觉得手术留下了后遗症，虽然到医院检查后证明这只是她的臆想，但她却陷入了闷闷不乐、自怨自艾中，甚至这都成为日后生活中经常犯错的一个借口。

不知有多少人像这位女士一样，从来没有想过自己可以帮助自己，从来没有想过自己可以驱除这些烦恼，而宁愿忍受长期的折磨，也不肯让自己的思维和习惯有任何一点点改变。当然，也有人似乎很享受这种病态的乐趣，正如一些病人喜欢沉浸在自身的病症与痛苦之中一样。

很多人都知道，一个人生活得快不快乐，取决于他的幸福感，而幸福感是可以培养的。但不得不承认，同样有很多人真的很难为了自己的幸福去做一点点改变，于是常用“我很懒”、“我就是比较想不开”等假缺点真借口来逃避改变和成长，然后理直气壮地放任自己的反复无常和忧郁悲观。类似的借口要多少有多少，所以，如果你真的不想改，你就真的不会改，别人也拿你没办法。

人与动物最大的区别在于思想，人的行为又受思想的支配，所以，我们的人生境遇、教育背景比遗传本身更为重要，因为它们塑造了我们的思维习惯。圣·保罗对其门徒意味深长地说的“改变思想，就是改变自己”，可谓是真知灼见啊！

不要拒绝改变自己，人类的思维是可以不断更新的，因为只有这样才能适应不断变化的需求，并根据具体事情、具体状况，不断改变、产生、塑造出新的思维。所以，只要你愿意，完全可以改变你的思维习惯，把自己变成一个乐观、积极、正能量的人。

大脑具有灵活的适应性，从人们能够从事不同职业这点就可证明。

要知道，每个职业都有不同的要求，都需要一些专门的工作技能以及性格特征。

在远古社会，人类的大脑还是处于原始状态，人类最基本的需求——自我防卫与获取食物占据了大脑的意识。随着人类文明的进步，大脑也逐渐变得更加高级，更复杂多样的需求也随之出现。时至今日，我们的大脑已进化得极为发达了。

其实，人类文明发展过程中的每一个新需求，都需要大脑去满足。而历史证明，数千年以来，人类的大脑，是可以持续不断地回应这些需求的。你根本不用质疑自己改变自己的能力。

在我们刚出生的时候，大脑的思想功能是极为脆弱的，当然，那只是缺乏足够的锻炼，但到了成年，基本都被磨砺得相当强韧了。比如许多成功人士，早年其实和平庸的大众一样，缺乏成功的品质，但通过智力上的锻炼，各种成功品质就被塑造了出来。

对于很多不快乐的人来说，他们的不快乐，只是因为养成了不快乐的习惯，养成了喜欢抱怨、批评的习惯，养成了无事找茬或因琐事闷闷不乐的习惯。

习惯性地盯着阴影是最可悲的习性，特别是在早年的人生中，因为过不了多久，他们就会成为这些习惯的奴隶。身心所有的自然冲动都被扭曲，让他们逐渐成为悲观而愤世嫉俗的人。

其他品质也如此，所以，无论现在的你有多么让你失望，你都不要失去相信自己的勇气。只要你内心沉睡的潜能被唤醒，你的能力就会得到全面的提升。科学地使用大脑，学习重要的知识，练习形成良好习惯的思维，我们就能慢慢变成内心强大、外在从容的自己。

努力面对当下，才能避免将来的更多不幸

> 别对咫尺的美丽视而不见，却对天涯海角的缥缈萦绕于怀。

快乐的多少取决于内心需求的多少，不要好高骛远，或者苛求不属于你的东西。

如果你是一头大象，就不要梦想像猎豹一样奔跑；如果你是一条鱼，就不要希望像猎鹰一样翱翔。知道自己是什么，适合什么，才能更容易地得到快乐。

若有外星人来到地球，准会大吃一惊：这里的人怎么总是沉溺于虚幻的想象中，或忙着追逐那些遥不可及的目标；总是随时准备收拾行李出发，或正身处忙碌的旅途之中……也许，这位拜访者会悲哀地发现，在这块土地上，享受当下的人真少得可怜。

人们总将自己生活的希望寄托于未来，于是放弃了当下应该进行的改变和努力，更不珍惜当前的每一分每一秒，却误以为明日终将万事如意、名利双收，仿佛只有在幻想里得到自己匮乏的一切，才能涤尽他们

内心的各种烦忧似的！其实，我们并不是在“未来”就能拥有真正的快乐，如果持有这一观念，只会让你在今天的生活中备受煎熬。

虽然我们应该对未来或远方怀有美好的期待，但我们不能忘记，当下决定了我们未来的道路，不要忘记了自己真正拥有的也是当下！一味幻想远方，只会让你心智被蒙蔽，错过身边的美景。

别对咫尺的美丽视而不见，却对天涯海角的缥缈萦绕于怀。

我曾听说这样一个故事：一个年轻人很聪明，并且有宏伟的志向，但他有一个毛病，就是性子非常急躁，总是迫不及待地想要实现那些梦想。

有一天，他去教堂，把自己的苦恼告诉了神父。他说：“我什么时候才能功成名就，过上令人羡慕的生活啊？”

神父听后，走到门外用手指了指天边的一朵白云：“你看，那朵云多么漂亮！”

年轻人看了看：“是啊，真漂亮！”

然后，神父又指了指花圃说：“明年春天，这些花绽放时，一定非常美丽，你可以在里面种上自己喜欢的品种。”

年轻人很高兴地说：“好啊，我就种黄玫瑰吧！到时候可以把它献给来往的行人。啊！我仿佛闻到缭绕的花香……”

等他说完，神父突然问他：“刚才那朵漂亮的云呢？”

他一愣，看了看天空，发现那朵白云已经飘逝无踪。

这时，神父说："年轻人，上帝是不喜欢人们浪费他赐予的宝贵时间的，与其期待明日的鲜花，还不如好好欣赏欣赏眼前的白云。"

年轻人这时才豁然顿悟。

如果一味沉湎于想象与期待之中，就会无暇享受当下的生活。实际上，我们很多人就像故事里的年轻人一样，生活在对明日，甚至是明日的明日的幻想里，生活在一个关于未来的幻境中。

"时间的海啊，充满深沉的悲伤，你被眼泪的盐水弄得多咸涩！"时光易逝，如此简单的道理，却并没有被大多数人接受。因为很多时候，知道归知道，但我们从不理会。

有时候，我们就像一群天真的孩子，不停地追逐着天边那道永远追不到的绚丽彩虹。"要是真的能够触摸那美丽的虹，该有多好啊！"我们常常这样想，却从没有发现最好的生活就在身边，而只会痴痴地翘首，等待幸福的明天从天而降。

到白发苍苍之后，蓦然回首，我们可能才会发觉，当年的自己简直是个美德与智慧并存、梦想与实力共生的人。但是，昨日已经逝去，在曾经的美好或机会消失之后，我们才幡然醒悟。

昨日的明天就是今天，所以，不要对今天等闲视之。

PART

3

先为自己而活，才能为别人而活

尽管不完美，但我还是喜欢这个不完美的自己。
这个自己真实、善良，会自己鼓励自己，
有时候还会像一个英雄一样，拿着生活的种种，
构筑一个属于自己的独一无二的世界。

最悲哀的是失去爱自己的能力

> 首先为自己而活，才有力量为别人而活。

有一天，我问一个朋友："你爱自己吗？"

她茫然地看了我好一阵，底气不足地说："当然爱了！"

我知道她回答这个问题时的困惑。我们从小到大被教育着爱别人，我们也习惯了爱别人。传统理念让我们习惯了以满足别人的方式去生活，我们接受的教育也是要爱父母、爱儿女、爱爱人、爱朋友，甚至爱陌生人。人生的词典里，唯独没有爱自己这一说，因为爱自己会被人当成自私自利。

于是，在不知不觉中，我们便主动地忽略了自己、忘记了自己，让自己永远排在最末位，或者永远也排不上，以至于我们无法向内寻找到任何与自己有关的快乐。

许多人不从日常的工作中找寻属于自己的幸福，而是盯着未来，希望未来的某天，自己可以完全处于某种幸福中，但这只是幻想。

在今日得不到知足与满足的人，在阳光与雨露的祝福下仍连连错过的人，是难以找到通往未来的道路的，他们只能在抱怨声中郁郁而终。

在家中、商店中、工厂中，我们所做的日常工作，甚至是那些琐碎的事情，都构成了我们存在的意义——轰动一时的大事，并不比日常小事对我们的影响大。

不知究竟要到什么时候，人们才能认识到，我们苦苦寻觅的幸福其实是最为平常的瞬间。我们只需一步一个脚印，沿着正确的道路前进就可到达。但一些人总认为它是难以追寻的，就像被埋藏的金子一样。他们将自己健康的身体、知足的心境、温馨的家庭等因素统统糟蹋掉了，为的就是寻找一种神话式的“金矿”。

无疑，欲望阻挡着通向知足与幸福的道路。我们老想去做别人在做的事，老想超越别人，老想过上别人的生活，老想拥有跟别人同等的财富。这种攀比心实际上是一种无限膨胀的欲望，同时也是幸福的天敌。

我们总是渴望去做别人已做的事情，其实这并非我们内心想做的。我们之所以想做，不是因为它能增加我们的快乐，也不是因为这件事有真正的价值，而是因为欲望的膨胀，让我们一心想把别人比下去。我们想超过别人，比别人生活得更好，拥有比别人更好的家，在城市中更好的区位有一所房子，让自己的孩子比同龄人吃穿得更好，让自己的家发散出豪华的气息。但是，这些真的有用吗？真的值得追求吗？这样做是真的会让自己更愉快吗？

不断地成长，拓展人生的深度，丰富自己的人性，才是真正有价值的行为。哪怕只是为社区多做一点贡献，也已经足以让愚昧无知远离我们了。

做自己，才会获得更大的生活资本，首先为自己而活，才有力量为别人而活。爱别人，也爱自己多一点点，做一个有用之人。拥有这样的思想，才能获得知足与真正的快乐。

无法知足，就不可能拥有真正的幸福

> 为什么要让明天的幻象蒙蔽双眼，使我们无法看到今天的美丽呢？

现在，到处都能看到心智发展不平衡、执意坚持错误、违背善良的人。

当一个人痴迷于虚荣心的满足，痴迷于遥不可及的梦想时，还有什么不敢做呢？许多人为此牺牲了家人、朋友、健康，只不过是为了满足内心熊熊燃烧的欲望。欲壑难填，真的太可怕了！

贪欲，好像时刻在叫着“要更多、要更多”，这会让原本高尚的愿望变质，让原本优雅的性情黯然失色，直至对所有的美好、真实变得麻木不仁为止。

被贪婪的欲念紧紧拴住，这是多么可悲的情景啊！

当人成为自私和拜金主义的受害者时，他已经与人生中所有美好的东西绝缘了。若只想把别人的钱放进自己的口袋里，社交能力与审美功能就会枯萎，世间的壮美与深幽、光荣与梦想都无法进入他的心灵。

一些人坚持满足私欲，认为欲望实现之后，就可以获得心灵上的平静，这实在是有些可悲。

一个欲望满足之后，更大的欲望会膨胀起来。自私的欲望是驶向人性深渊的路标，追随此道的人最终会粉身碎骨。

人们在疯狂追逐这些虚幻目标的时候，付出的代价是多么沉重，造成的悲剧是多么惨痛！

据说，在遥远寒冷的北极，爱斯基摩人是这样捕狼的：严冬时节，他们在锋利的刀刃上涂上一层新鲜的动物血，等血凝固后，再涂上第二层血，让血凝固，然后再涂……很快，刀刃就被血掩藏得严严实实了。然后，爱斯基摩人把刀把结实地扎在冻土中，刀尖朝上。

当狼群循着血腥味找到“猎物”时，它们会兴奋地舔刀上的血。它们嘴里的热气让冰冻的血融化，融化的血液散发出浓烈的血腥味，在血腥味的刺激下，它们会越舔越快，越舔越用力。不知不觉，刀上的血被舔干净，锋利的刀刃暴露出来，但此时，狼群已经嗜血如狂，它们根本感觉不到舌头被刀划破的疼痛，也完全不知道它舔食的其实是自己的鲜血。狼群变得更加贪婪，舌头抽动得更快，血流得更多，直到最后失血过多、精疲力竭地倒在雪地上，被猎人轻松地捕获。

有多少人像这些狼一样，因外界的诱惑失去了理智，被自己的贪欲耗尽了精力，不仅没得到想要的快乐，最终还落得悲惨的下场。

另外，有些人似乎认为，快乐是可以买来的。

金钱的确可以买来一些“快乐”满足低级欲望，但这种廉价的精神刺激和精神愉悦，不可能与真正的快乐和幸福相比，但他们却将这种感官愉悦视为某种幸福。

没人能够用钱买来真正的幸福。无论是穷人还是富人，如果受外部欲望之累，无法知足，就不可能拥有真正的幸福。

谁都没有不努力的借口

> 任何人都可以抓住每个机会，弥补其早年错过的遗憾。

哪怕是世界上最贫穷、最潦倒的人，他也可以一遍又一遍地聆听历史上最杰出的诗人朗诵的优美诗歌，或最博学的历史学家娓娓道来的厚重历史，还有那最儒雅的作家讲述的战胜厄运与挫折的动人故事。

知识能增强我们的力量，有助于提升幸福感。

不少人通过自我教育、自我修养、自我发展、服务社会来达成理想。他们倾尽全力去生活，努力提升自己。任何人都可以抓住每个机会，弥补其早年错过的遗憾。只要你愿意在闲暇时间坚持不懈地努力学习，便能让自己成为一个更全面、更充实的人。

海伦·凯勒从小就被疾病夺去了视力和听力，但她并未因此绝望，放弃学习。在莎莉文老师的教导下，她不仅学会了写字和手语，还掌握了大量的知识，能熟练地背诵大量诗词和名著片段。她不仅写出了《假如给我三天光明》、《我的人生故事》等著作，更是奉献自己的一生，为残疾人谋福利，帮他们过上幸福快乐的生活。

诺贝尔生理学和医学奖获得者罗伯特·巴雷尼从小因病成了残疾，他没有因此放弃努力，而是在妈妈的鼓励下，每天练习走路、做体操，坚持完成锻炼计划。终于，体育锻炼弥补了残疾给巴雷尼带来的不便，他经受住了命运给他的严酷打击。

在学校里，巴雷尼刻苦学习，学习成绩一直在班上名列前茅，最后以优异的成绩考进了维也纳大学医学院。大学毕业后，他以全部的精力，致力于耳科神经学的研究，终于在1914年登上了诺贝尔生理学和医学奖的领奖台。

身有残疾尚且如此，健康的我们又有什么理由不努力呢？生活中有很多自我提升的机会。在这个随时可以汲取知识的时代，谁都没有不努力的借口。

请在闲暇时光里吸收知识，提高修养，升华自己。你要知道，自己的知识与修养，是任何灾难与意外都不能夺走的。

我只害怕醒悟太晚

> 只有好好地活下来，才有可能实现理想。

亲爱的，请问你如今过的生活是年少时憧憬的散发着玫瑰花香，充满梦幻与惊喜的生活吗？

年少时的梦想，是否如那一道道令人心醉神迷的彩虹一样遥不可及，又是否如那沙漠中浮出的海市蜃楼一样，总在我们心力交瘁时，又激起我们内心深处的希望？

寂寞无聊时，你可知道，你现在浪费的，曾是你自己寄予了厚望的未来时光？

如果现在的生活并非你过去向往的，你应该想想，为什么年少之时，望远镜中的人生，是美好的人间乐园，现在却变成了漫无边际的沙漠？是不是因为你的评判角度被扭曲了，是不是因为你以错误的视角去看待周围的事物了？

你之所以感到失落、不满与愤懑，不过是因为你发现彩虹所在的山麓下并没有金子。于是，你失去了激情和动力，每天做着无用的叹息，却不明白自己这样是正在挥霍人生。倘若能收拾好心情，重新上路，你还是有机会将眼前这片无尽的沙漠转化为儿时梦想的人间乐园的。

服装设计师皮尔·卡丹小时候的梦想是当一名出色的舞蹈演员。可是因为家境贫寒，父母根本没钱来送他去上舞蹈学校，于是只能将他送到一家缝纫店当学徒，希望他能掌握一项技艺养家糊口。

他为自己的梦想无法实现而苦闷，曾一度想自杀，但在绝望之时想起了“芭蕾音乐之父”布德里，于是给他写了一封信，希望他能明白自己对舞蹈的热爱，收自己为徒。但布德里在回信里拒绝了，并告诫他：“人生在世，现实和理想总是有一定的距离，我们首先要做到的是生存。只有好好地活下来，才有可能实现理想，而一个连自己的生命都不珍惜的人，是不配谈艺术的。”

布德里的话让皮尔幡然醒悟，他从此不再执着于做舞蹈演员，而是努力学习缝纫技术。很快，他成为一名出色的裁缝，并建立了自己的公司和服装品牌，事业日渐全球化。后来，有一次在接受媒体采访时，皮尔说，其实自己并不具备舞蹈演员应有的素质，当舞蹈演员只不过是年少轻狂的一个梦而已。

没错，就是这充满苦难和障碍的现实，才是你理想应该屹立的地方，而不是在别处。因此，我们要告诫自己，努力地工作，相信自己，勇敢而自由地生活。要知道，身边的环境只不过是你用来实现理想的工具而已。这些“材料”具体的属性和归类并不重要，它们并不能用来营造某种英雄主义感觉或诗意的氛围。

那些因现实中的桎梏而牢骚满腹的人，或在造物主面前因自己被统治而呼天抢地的人，请你们记住这个真理：你所追寻的，其实已经在你的手上了，若你一点儿也感觉不到，那么谁都无能为力。

你是否幻想过这样一件事情：有一天，你终于到达了那个理想的黄金之国，那些硕大的果实无须采撷，便会自然地落到脚下，你甚至觉得那儿的果树都是无须松土、播种与灌溉的？你是否憧憬着自己可以不劳而获，而且一直不会从幻想中醒来？最终的某一天，你会醒悟：在任何成熟的人生中，年少时期的迷惘与挣扎是不可避免的一个阶段，之后的日子却需要脚踏实地，勤劳苦干。

我们要祈祷的，是醒悟的时间不要太晚。

用感受力喂饱自己的灵魂

> 很多人对美的事物熟视无睹，就是因为他们的心灵还没有被擦亮。

对同样的事物，每个人都可能有不同的看法。

有一个故事：一群兴致勃勃的人，在登山的路上遇到了疲惫的下山人。于是，登山人问下山人：“山上有什么好玩的吗？”有的下山人有些失望地说：“没有，什么也没有，只是一座破庙。”也有的人说：“山上的风景很不错，登高望远，远处风景特别好！”如果你是登山的人，听到这些话后是会停滞不前，满心失望，还是继续攀登？是否给自己一次机会，爬上去看个究竟，取决于你自己内心的选择。

其实，爬上山的人看到的风景都是一样的，但每个人内心的感觉会完全不一样。

在爱迪生研究了8000种不适合做灯丝的材料后，有人问他：“你已经失败了8000次，还继续研究干吗？”爱迪生说：“我从来都没有失败过，相反，我发现了8000种不适合做灯丝的材料。”

换一个角度看问题，问题就截然不同了。有时候，能从失败中走出来也是一种成功，能从失败中看到收获才是最真实的收获。如果你整天沉浸在失败的痛苦中，就永远无法成功。

波斯诗人萨纳伊说：“假如我有两块面包，我会卖掉一个，去买风信子，喂饱我的灵魂。”

敞开心灵，会让这个世界变得更为美好。遗憾的是，在文明浸润的人中，许多人的心灵大门仍是紧闭的。很多人对美的事物熟视无睹，无法去感知，就是因为他们的心灵还没有被擦亮。

生活中的所有事都蕴涵着特别的意义，但只有拥有感悟能力的人，才能在心灵上产生共鸣。比如，美妙的音乐，对于有些人来说无异于对牛弹琴，但在谙熟音律之人的心中，会漾起愉悦的涟漪。即使世间最曼妙的旋律，也无法打动乐盲，只有在精神层面上有共鸣的人，才能解析其中的深意。一些让人心醉神迷的歌曲，在一些人听来可能淡而无味。

置身于花海的芬芳、落日的余晖、山川的壮美之中，极具审美力的灵魂会燃起熊熊烈火。内心会开启一个全新的世界，仿佛一旦人类灵魂中那扇欣赏之门被打开，就没有任何力量能将它关闭。而有些人对此却感受不到丝毫快乐。

我们只能去享受自己能够欣赏的。这种功能跟阅历、某些先天的遗传有关。但是，它也可以被培养，只要我们在心智发展过程中学会多角度去思考。

哈佛校长曾对学生说："你们应在这里获得充分的心智培养，获得某种快速、充裕而持续的能量。大学的主要目的，就是培养学生的心智能力——一种敏锐的观察力，能以不偏不倚的态度去看待问题，能对事物形成自己独特的见解。"

这种能力其实是幸福与知足心态的基础。

许多人将欢乐与幸福混为一谈。欢乐多指一种短暂的享受，与从多角度审视问题带来的持久满足感相比，这种享受只不过是一杯苏打水而已。

感受能力超越一切，完全可以让我们从沮丧而压抑的环境中逃离出来，无论环境多么恶劣，命运多么乖张，失败的烦忧多么深重，我们都可以从中解脱出来，在看似残酷的世界里过上自己美好的生活。

快乐是最好的投资

> 乐观是一种伟大的信条，没有比这更好的生活哲学了。

无论在什么行业，老板们都有这种感觉，任何投资的收益都比不上在公司中传播快乐信息而得到的收益。斥责、批评以及驱赶奴隶般地强迫员工超时工作，已被证明是彻底失败的。

许多管理者的失败，正是因为对员工太严厉、野蛮。他们亲手摧毁了充满活力的员工，扼杀了他们的激情，让每个人都深感疲倦，提不起半点工作兴趣，从而让整个企业都失去了创造性。

也有很多企业家开始懂得，让员工感到舒适而快乐是大有裨益的。他们发现，这才是最好的投资，因为这样做，员工的效率更高，产出更多。人在心情愉悦的时候，效率是最高的。我们的心理状态直接影响着效率。若心智处于不安中，大脑就不能正常运转，才华就得不到最大程度的释放。

所以，若你是一位老板，不要让员工认为工作是一项痛苦又无奈的苦活。你们也非常清楚一点，一匹常被催促鞭打的马，在速度上是难以和被温和对待的马相比的。在对友善的反应上，人类与低等动物没有太大的差异。如果你整天面露不悦之色或动辄恶言相向，你又怎能期望员工保持活力、乐观与机敏呢？活力是热情的代名词。每当你走过他们身旁的时候，他们就要做好心理准备，以应对你的批评。如果员工身处一种压抑而痛苦的环境之中，又怎能精力充沛地为你工作呢？

在工作中，乐观的人是最有价值的。养成乐观积极的生活态度，将照亮茫茫的前路。

乐观是一种伟大的信条，没有比这更好的生活哲学了。能从工作中看到最好的一面，能在人事中看到积极的一面，这一品性的价值无疑是最大的。

格拉斯通曾说："我在工作当中找到了无限乐趣，早年养成的勤劳习惯让我终身受益。"

不少人之所以悲观，是因为他们看不到无趣、枯燥的生活原本有着持久的欢乐，他们看不到持久快乐与责任之间的关系，他们不能像蜜蜂那样，从生活的苦涩花朵上采取蜂蜜。对他们而言，工作与所有的事情都是累赘，都是诅咒。

另一个困扰我们的是：不少人过度地工作着，他们试图去完成自身不能承受的工作。

"不要承担自己不能完成的工作。"托马斯·R.斯里奇博士说，"生活的不幸福不在于工作，而在于无时无刻不在的担忧。”

积极有序的工作从来就不会拖垮一个人，但如果试图将两个小时的工作量压缩在一个小时里完成，空出的时间则用应酬或贪婪地寻乐来填充，只会让自己更加焦虑，享受不到任何幸福。如果我们不能以轻松的方式来得到幸福，那么幸福就很难得到了。

忽视幸福感的奋斗，绝非生活的本义

> 强烈的欲望，是一种特殊的虚荣。

许多人牺牲良心、朋友、健康，只不过是为了追求并满足内心贪婪的欲望。欲望是无止境的，无论已经拥有了多少，最终都会失去。与其总是期盼、遥望可望而不可即的远方，不如满足于现在拥有的一切。

大多数人总觉得拥有宝马香车才是真正的生活，虽然他们也会不时匆忙地瞥一眼风景，但蜿蜒多姿的山谷、壮美的落日、绽放的花朵，却与他们无缘。

处于快节奏的生活中，我们没有那份心情去观察、欣赏美好的细节、细腻的情感以及所有有价值的东西；没有时间与朋友谈心，整颗心只专注于工作，以及未来的愿景。

我们就像乘快马送信的人一样，一路疾驰，卸下包袱，只是为了背负更沉重的包袱。最终身形佝偻，华发早生。

不安与不满成为腐蚀心灵的一种慢性病，也成了这个时代的一大

“特色”。这种忽视幸福感的奋斗，绝非生活的本义。

别人问奥利佛·温德尔·霍姆斯，为何他在八十高龄时依然能保持旺盛的精力，他回答说：“因为我有一颗容易快乐的心，以及坚持不变的信念。所以我的任何人生阶段，都没有因为受到欲望的冲击而失落过。”

过于强烈的欲望，其实是一种特殊的虚荣。陷入这种欲望中的人，寻求的是名声、认可、财富以及私欲的满足，而不是想在世上有所作为，为世人做点贡献。

我认识一位没多少家产的女士，她口中描述的秀丽山川、海边、日落、花朵等美景，却都是极为令人向往。她有一双慧眼，能发掘散落在周围的美景，而这一切，很多人都熟视无睹。生活中的很多琐事，还有许多人认为不值一提的经历，她都能从中获得无穷的乐趣。她虽然拥有的不多，但我觉得她比我看到过的大多数富翁都充实快乐。

你是否愿意停下来想一想，此刻的自己是否真实地活着？是按照自己的理想活着，还是深陷在一成不变的生活轨迹中？抑或是活在自己无穷尽的欲望中？

摒弃浮华表象的虚荣，审视自己内心想要的东西，然后努力去成为自己，才会获得平静与满足。

热情、梦想与才华充其量不过是出发时的一颗火种。而当夜色来临时，为了不被黑暗吞没，我们要全力找寻燃料，添薪加火。这个过程，绝非只是才情迸发的自由与无羁，它往往意味着愿意为自己挚爱的理想承担更多真实的艰辛。但在这艰辛中，我们也往往能感觉到那种实现理想的快乐。创业的满足与快乐，远胜于挥霍。

亲爱的，有时候，痛苦和快乐只在于你的一念之间。

有这么一个故事：三个年轻人在烈日炎炎下盖房子，辛苦万分。一个经过的人问他们："你们在干什么？"第一个含着怒气回答："没看见吗？我在砌墙。"第二个人没精打采地说："我在挣钱。"第三个哼着小曲轻松地说道："我在建造一座世上最美的建筑。"

同样的一件事情，三个人的感受却各不相同，前两个人只感受到了痛苦，第三个人却感受到了快乐。前两个人只是在机械做事；第三个人却是有目标、有理想，他不是在应付工作，而是在享受工作。而他们各自人生的结果也在意料之中，前两个人一事无成，第三个人却成了一名建筑师。

作家法朗士说："让我们享受人生的滋味吧，如果我们感受得越多，我们就会生活得越长久。"是的，在忙碌的奔波中，用清澈而积极的眼光看世界，你会看到截然不同的风景。

任何伟大的成就都离不开一颗自愿的心

> 你的理想越现实，梦想也就越接近理想。

紧紧抓住自己的理想吧！

当理想被扼杀，你最杰出的才华也就泯灭了，而你最终只会成为各种诱惑的牺牲品，甚至走上不归路。让我们的行动紧随内心，让心境更为平和、目标更为坚定、人生轨道更为正常，这是实现理想的坚强保证。

当一个人无论出于什么原因，放弃了追求理想时，他就好似漂泊的浮萍一样，永远到达不了彼岸。

追求理想，需要脚踏实地地生活，需要坚强的性格。我们只要去行动，去实现，哪怕只是朝目标近了一小步，整个人都会感到满足。

为了自我满足而从事工作是一种乐趣。一位销售员特别神气，是因为他今天得到了第10个订单；一名足球运动员在运动场上欣喜若狂，是因为他踢进了自己职业生涯中的第100个球；一位医生看起来心情特别愉快，是因为他刚刚接生了自己从医生涯中的第1000名婴儿，现在，他又为自己能接生第1001个婴儿开始了细心的准备……

人会感受到不断成长带来的快感，这种享受的动力是无可比拟的。如果真正实现了自己的理想，这种喜悦也是难以用语言形容的。

很多人之所以缺乏能力或神经脆弱，是因为他们没有去追求人生的理想，或者没有想清楚自己的理想究竟是什么。

追寻梦想，再普通的人也是巨人；倘若放弃梦想，再显赫的人也会变成侏儒。

被迫放弃自己期盼的事业，这里面的沮丧与伤心，很难让人复原过来。我们见到一张张因为未能追求理想而焦灼的脸孔，他们工作低效、心灵不安，耗尽了创造精彩的无限潜能。

一些人常常感叹自己英雄无用武之地，付出没有得到回报，人过中年毫无建树，想起自己曾经的理想，不禁感慨万千。

他们的良心谴责着自己，为什么没能抓住曾经的机会？当他们发现自己已经日薄西山时，才会反思过往那庸碌的岁月，而此时，当年中流击水的豪迈早已不在，涌上心头的只有阵阵酸楚。

理想的幻灭会将整个人推出正常的轨道。

当我们不能做自己最擅长或最喜欢的事情时，一切都是那么别扭。因为所有人都有这样的感觉，认为自己最适合做某项工作，其他则都是错误的搭配。

任何伟大的工作成就都离不开一颗自愿的心，从工作中获得乐趣，这本身就是最大的推动力。若没有这点，生命就会缺乏生机与力量。

如果一开始就知道自己有天赋、有能力去将某事做到最好，但随后却因某些自身不能控制的东西，无法发挥长处，无法准确地表达血管中涌动的信息，无法听从心灵的召唤，这些都会让我们的内心备受煎熬，让人华发早生，抑郁终生。

人是善变的动物，也是适应性最强的动物。

人可以做一些并不适合自己的工作，但不一定能做到最好。热情与激情，才是达到卓越的关键。没有这些，你很难获得工作上的满足感。

所谓激情，就是圆满完成事情的成就感渴望。

满足感是幸福的最大成分，知道自己在成长，知道自己有能力提升自己，这才是人生获得持久满足感的一种途径。时刻感觉自己在积极实现理想的道路上前行，这是最棒的。在创造的过程中，在实现理想的过程中，你能强烈地体验到一种满足感和成就感。

谁能体会发明家心中的胜利感？谁能体会当他发明一种完美机械装置时的惊喜——正是他的工作，改善了人类工作的效率。

有一位科学家多年生活在贫苦之中，一直忍受着外界的质疑、批评，甚至连最亲的人也误解自己。艰辛过后，他获得了成功，谁能形容他揭示出自然秘密时的那种满足感与成就感呢？

发挥创造性的能力，让心灵超越眼前的重重困难，解决一切问题，等等，都会给人极大的心理慰藉。漫无目的的人，无所事事，心灵十分疲乏；而时刻追逐理想的人，则因有一种强大力量的支持而活得多姿多彩。

让心灵学会享受乐趣

> 只有我们不断锻炼和运用大脑的功能，才可以感受到最大的乐趣。

在现代人的人生大戏中，有这样一种令人扼腕叹息的情景：白色的绫幕拉开了一个人退休的戏码，开启了他的老年生活，大幕背后，除了前半生累积的一堆财富，剩下的不过是无所事事的单调与苦闷。因为在此之前，谁也没有为安享晚年做好充足的准备，年轻时都没有去培养休闲能力，没有磨炼出足够的耐心，年老了又如何享受生活？

到处都能见到退休后即旅居国外的人，他们活得极不自在，总想回办公室干原来的工作，想回到商店，想继续与顾客或账本打交道。

我所遇到的最令人失望的人，是在赚够钱之后就退休的人。早年的他们夜以继日地奔波劳碌，为日后的生活努力积攒财富的时候，休闲的日子是多么具有诱惑力啊！他们想象着，早上可以自然醒，没有可恶的闹铃；可以随心所欲地做自己喜欢的事情，而不是像被鞭子驱赶一样。刚退休的时候，他们觉得苦尽甘来了，终于可以过自己梦想的生活了。

但很快，空闲的时间让他们感觉十分无趣。

脱离了原来家与办公室两点一线的生活节奏之后，他们浑身不自在了。过去在人事或柜台上展现出的能力，在退休之后开始衰退。他们很快就会发现，真正的享受其实是对大脑功能的不断使用，当他们尝试着享受满足，或尝试着通过开发新的大脑功能来获得快乐时，已经难以获得相应的满足了。正是早年的经历使得他们无福消受生活的美好，远离了生活的乐趣。

一位善于观察的作家说："不知有多少人觉得只要时刻劳作，似奴隶般地赚钱，日后便会拥有幸福。但他们不知道，其实这个过程早已消耗掉了人生幸福的所有可能性。在早年生活中，他们过于节俭、过于吝啬，所以到了该享受的时候，却感受不到一丝的乐趣。"

于年少之时便不断加强对心灵的锤炼，令自己在退休之后仍能享受生活的乐趣，这样的人才是有福之人啊！若有人通过辛勤的工作获得了宝贵的休闲时间，让心灵在退休之前就享受到了足够的乐趣，他也是一个幸福之人。

富有教养的人能够通过多种渠道享受生活的乐趣。

一个热爱阅读且懂得欣赏的人，会获得多大的满足感啊！还有什么能比阅读更让人快乐？对于那些花了半生时间驰骋于商界的人而言，若没有看过几本好书，实在是一种莫大的遗憾啊！

想象一下，如果一个人对自然、艺术拥有非凡的审美知觉与感悟力，能保持敏感，那么一切自然之物——一朵花、一株植物、一棵树或日出日落，都能像天使般唤醒他们的欢乐。

若能不断提升自己，从任何可能的渠道中学习知识，那得有多快乐啊！还有什么比发现自己的心灵每天都在成长，心灵中那片无知的荒原在不断被开垦，更让人自豪呢？在漫长的职业生涯中，若是熟悉了这样的模式，在退休后，我们也能享受真正的满足。

常常听到人们说，许多人在身体与心智的巅峰时刻过后，立刻进入了衰老期，短短几年后，便郁郁寡欢地逝去了。退休之后感觉失望的人，不仅仅有那些人生经验狭隘之人或专业人士，也有一些在早年有某些天赋的人，他们只是一心扑在工作上，脱离了书籍、艺术、审美与旅行，关闭了社交生活的大门，将早年积淀下来的志趣破坏得一塌糊涂。很多人渴望在退休之后安享晚年，但到了那一刻，他们才发现自己失去了享受能力。既然他们早就失去了对人生与价值的感悟能力，书籍、画作、雕像于他们而言又有何用呢？悲哀啊！“用进废退”，这是不以人的意志为转移的自然法则。

只有我们不断锻炼和运用大脑的功能，才可以感受到最大的乐趣。要在年老时唤醒对新生活的兴趣并非易事，因为沉睡已久的大脑功能很难再次被唤醒。

能坦然面对岁月的人，对万物皆有善心

> 快乐其实很简单：过最自然的生活，吃自己喜欢的食物，逛街时走在有阳光的那一侧。

众所周知，人身体的每一个细胞都在进行新陈代谢，衰老是必然的，但我们可以想办法延缓衰老，保持年轻。若要保持年轻，就必须掌握自我提升的秘诀，让思想和工作都融于兴趣之中，让自己永葆青春活力。

我认为，一般人在物质层面都有很大的拓展空间，但在精神层面却不尽然。

人们务必要在退休前将心中所有的不悦清除掉，才能拥有更强的感知能力。换言之，只有我们掌握了“指引心灵”的秘诀，清空一切令人伤痛的思绪，以一种正确的心态，以善意和宽容去面对一切，才能促进人类文明的进步。

清晨醒来时，一脸憔悴；感觉诸事不顺，心烦意乱；在早餐桌上，

每个人都拘谨地戴着手套，所有人都一副不高兴的样子……此类状况必然隐藏着某种问题。一觉醒来，如果没有充满活力，没有对工作信心满满，问题必然出在自己身上。

性格对寿命有着重要影响。人若总是深处焦虑与不安中，总是喋喋不休地抱怨他人，令自己敏感得近乎神经质，便会加速衰老。

如果一个人生活充实，精神昂扬，身上又怎会有疲惫的痕迹呢？

如果一个老女人性格善良、恬淡，她的衰老也并不显丑陋。幸福是一种强大的力量，令人振奋，有益于健康。

一位善良的老人在细数自己的快乐时说："其实快乐很简单：过最自然的生活，吃自己喜欢的食物，逛街时走在有阳光的那一侧。"

所谓活得更加快乐，并不是让你活得像一个天使或圣人一般。老人所说的自然生活，无疑是指不要有超越自身能力的过分欲望，只有抵制现代社会的种种诱惑，才能避免消化不良、神经衰弱等疾病。

所以，人们要想保持健康快乐，就要吃自己喜欢的食物，走在街道上有阳光的那一侧，这就是这位老人的信念。行走在大街背阴的一面，沿路都是煞人的风景——有的人满脸忧郁，目光贪婪；有的人无赖懒惰，散发出罪恶的气息。而在大街向阳的一面，则有一群快乐的人在玩耍——他们一同欢笑，畅谈成功，共话友谊，分享健康，追寻爱情……点滴的小事都能化作一串串祝福，减轻我们的生活压力。因为有了他们的陪伴，冰霜雨雪都会成为另一种风景。

欢乐属于年轻人，乐趣属于中年人，祝福则是老人的专利。

莱曼说："老年是最好的，这是一条通往美丽宫殿的前廊。在那里，幸福之花不会随时间的流逝而凋谢，也不会被死亡夺走。"但是，一个人不能坐等老年的到来，而是要在生命旺盛期就懂得幸福的奥妙，以对抗所有幸福的敌人，时时乐观地迎接挫折，增强自身的幸福感。人只有在磨难中才能浴火重生：磨难考验耐心，耐心丰富阅历，阅历培植希望，希望在，就不会感到无处容身。

战胜岁月最大的利器是乐观，是爱和希望。能坦然面对岁月的人，对万物皆有善心。有的人躲过了忧虑、妒忌、邪恶等的"追杀"，有的人却只能任这些"情绪敌人"在心间酝酿苦楚，以致皱纹渐深，眼神黯淡……纯洁的心灵，健康的体魄，宽广的心胸，满腔的乐观与慷慨，以及决心不令岁月胡作非为的勇气，是延缓衰老的灵丹妙药。

PART

4

世上没有人比你更重要

世上没有人比你更重要。

你用自己的心灵和直觉，让世界变得更精彩；

用善良和努力，让父母更长寿，伴侣更幸福，孩子更快乐。

你配得上自己想要的一切

> 去爱吧，不要怕痛；去给予吧，不要怀疑世界的公平。

当我们在说“给予才是幸福”的时候，一定会有不少人不会认可。其实，给予是一种自我能力的体现，你首先要拥有，然后才有得给。

我相信，没有人不希望从自己的能力中肯定自己。

在印第安纳州加里地区，有一个名叫威利·鲁的残疾儿童。因为一名与自己素未谋面的女孩需要进行皮肤移植，他将自己腿部的皮肤捐了出来。女孩被治愈了，但威利却在手术时遭受了巨大创伤，导致严重感染；虽然医院全力抢救，但依然无力回天，他还是永远地离开了这个世界。

去世前，他手里拿着小女孩送给他的玫瑰花，奄奄一息地说：“我很开心，告诉她，我真的很开心。”心碎的母亲跪倒在床边，紧紧将脸靠在男孩身上，痛哭失声。男孩伸出无力的手，轻轻地抚摸着母亲的头发恳求道：“妈妈，不要哭。”他说：“我以前没有价值。现在，我终于可以为别人做一些事情了。”

直到人生的最后一秒，他都面带微笑。他的人生，因为一次有价值的给予，而终于圆满。

我始终相信，真正的圆满，就是慷慨给予时拥有的坦然。如果你拥有一颗乐观豁达的心，那么，无论世事有多变幻莫测，无论四季如何更迭流转，你都会有一个人战胜灾难的勇气。

如今，社会上一条错误的流行理念就是：拥有钱就拥有了一切。我们常常懵懂地去追求那些我们自认为会带来幸福的物质，以致最终失去了享受真实幸福的能力。

如果一个人没有正确的观念，那么，他拥有的越多，想要的也就越多。任何系于物质的东西都是无常的，所以，在物质追求中，没有任何快乐是可以持久或永恒的，在满足一个欲望的时候，又往往会产生新的欲望。银行账户上的数字并不能让人真的富有，只有心灵的充实才能让人真正富裕。若是心灵贫瘠，再多的物质财富都不能给人足够的安全感。

而这种安全感，来自于我们对自己价值的确认。

生物本能让你知道，你必须有价值，才会得到社会认可。但外在的拥有和你对自己价值的确认，有时是完完全全的两码事。

榨取和挥霍，只会让我们感觉空虚或无聊，只有给予，只有帮助他人解决困难时，你才会真实地体验到什么叫价值。

你可能暂时没有多少钱来供自己慷慨大方地给予，但是，你可以通过别的方式做到，比如给予这个世界善意、善言和善行。当这一切成为一种习惯，你会发现，你改变了，世界就改变了。

原来，你曾经想要得到的温柔相待，就那样轻而易举地得到了。你会发现，你想要的一切美好，终于因为你值得，而真正拥有了。

所以，去爱吧，不要怕痛；去给予吧，不要怀疑世界的公平。不要让将来的你，讨厌现在吝啬、麻木、无趣的自己。

英国湖畔派诗人罗伯特·骚塞曾说过一段有趣的话：

“西班牙人习惯于在吃樱桃的时候戴上眼镜，这会让樱桃看上去更加鲜艳，更具诱惑力。同样的道理，我们完全可以从生活中获取更大的乐趣。尽管我的眼睛中仍能看到烦忧，但我可以将它们丢到一边，不让它们侵蚀我的心灵。”

你的生活是你一生唯一的创造，不能抹平重建，即使只有一天可活，那一天也要活得优雅、高贵。时刻在心中记住这句话：“生活是自己创造的。”如果改变不了世界，不要生气，你可以改变自己。改变自己的思想与行动吧，改变了，你的世界也就不一样了。

你要配得上自己想要的一切，只要你相信，去给予，世界回报你的，将会更多，也只会更多。

别让忍不住害了你

> 明知该努力，但忍不住犯懒。正因为你忍不住，所以失败才有恃无恐。

心灵负荷的所有伤痛，都要我们脆弱的神经去承受。尽管我们不想让自己所爱的人，终日为不安与急躁所扰；我们不想让自己的紧张和暴躁影响和谐；我们也不想在失控时侮辱或伤害别人。但如果心灵的运行已经紊乱，情绪碎片一旦毒害脑神经，我们就不可能很好地控制自己的情绪。

如果没有充足的睡眠、足够的能量，神经会常处于不安的状态。忧虑、暴饮暴食、过多的刺激、沉迷酒色等违背自然规律的行为，都是造成这种状态的原因。

我们根本无意去指责朋友，也无意去鄙视生意上的伙伴，但是由于对心灵缺乏爱意，缺乏全面的日常保养，心灵已经变得不堪重负，所以就会不自觉地做出无礼的行为来。

心里充满爱意的人，是充满力量并富有创造性的。他们的心灵深处没有适合恐惧滋生的“土壤”。同时，对于充满爱意的心灵而言，心灵的“思考”或企图是没有必要的，因为充满爱意的心灵是“清澈”的。假如我们自身的心灵缺乏爱意的话，就不可能体验到爱。也可以说，我们就不可能沐浴在爱的阳光下。

然而，当一个人只为自己着想时，他便会失去对心灵的控制，像脱缰的野马一样，会造成各种危害，而他却只能眼睁睁地看着这些事情发生，但无力挽回。

火爆的脾气会带来自我羞辱。当某人不能控制自己的情绪时，就会展现出性格中阴暗可怕的一面，显露出平常掩盖着的野蛮、卑鄙、可耻与龌龊的一面。这些本来是他想在亲近的朋友面前极力掩盖的，而此时，因为心灵的失控，内心隐藏的一切都被别人知晓了。

通过适当的训练，人完全可以控制自己的情绪、引导自己的情感。这样，心灵就不会紊乱，理智也不会在关键时刻抛弃你。无论如何要记住，你自己才是大脑的掌控者。

可是，你是否有过这样的经历：在某些人，比如一些女士或熟悉的朋友面前，在最可能让人动怒的情形下，你仍然能保持自我克制，绝对不会让自己失去理智的，无论在什么样的挑衅下都能自控。但另一方面，在被你蔑视的人或在下级面前，由于你没有对其有丝毫的尊重与理解，所以你十分容易就大发雷霆。

有时候你在家中，在这不受限制的地方，即使只是极其轻微的刺激，都会让你变得怒不可遏。但在招待会上或有贵宾出席的晚餐上，即便是脾气最火爆的人，无论遭受怎样的羞辱，也不想当场发怒。

这证明了人类控制理智的能力，比想象中的高明许多。若对所有人都保持一定的尊重，包括地位最低微的人，让他们也保持足够的自尊，那么我们就能更好地控制情绪，培养出极强的情绪调控能力。

让我们成为生活的掌控者

> 世界需要乐观的人，是他们让世间有了更多的希望与笑声。

许多人嫉妒别人，遇事斤斤计较，到处吹毛求疵，什么事情都只能看到丑陋的一面。他们整天焦躁、烦恼，愤世嫉俗的悲观情绪如毒药一样侵蚀着全身，这是多么遗憾的事！这些人的眼睛只能看到丑恶与不平。

如果我们从别人面前经过时，给人的不是亲切的笑容，而是一脸的阴郁，那你就做了不道德的事情。人们需要的是欢乐的传播者、阳光的制造者，能让别人看到美丽无处不在，而不是让人沉溺于丑陋与痛苦之中，不让他们感觉到这是一个充满罪恶、争执与疾病的世界。我们要让人们看到人类是纯洁、正直、理性而健康的，而不是丑陋、羸弱的侏儒。

也许，很多读者都听过“微笑的乔”这个故事。乔是《长岛上海风吹拂的房子》中的人物。在四年的寄宿生活中，乔备受折磨，由于时常被鞭打，他的脊柱受伤，全身瘫痪了。但他是医院中最快乐的孩子，尽管有着悲惨的遭遇，他却比医院里任何人的笑容都多。

人遇到考验时能否保持乐观、冷静与希望？当我们拥有强健的体魄，并且万事顺心的时候，让自己阳光而欢乐是很容易的事。但在疾病缠身、理想茫然、处境压抑的环境中，如果还想做到坦然面对，就需要英雄般的气概了。

世界需要乐观的人，是他们让世间有了更多的希望与笑声！我们已经厌倦了那一张张拉长的刻薄脸孔，受够了尖酸的表情与傲慢的举止。乐观是所有奇迹的最大制造者，它可以赋予生活新的意义，激发整个人的力量。所以可以这样说，只要一个人还拥有乐观面对生活的勇气，那他就不是失败之人。

让我们如爱默生一样，相信人性美好的一面吧！相信所有的错误都有治愈的药方，每个期盼的灵魂就都能获得满足。在别人只感到丑陋与反感的时候，我们要能感受到其中的美与可爱之处。

我们需要的是这样一种人：他们相信世界上还有一座伟大、坚定与善良的殿堂屹立着；他们相信存在着善良的事业；他们不会试图去改变世界，但相信爱胜于恨，正胜于邪，光明能战胜黑暗，生命高于死亡，真理最终将战胜谬误，和谐最终会战胜纷争——具备这些观念的人，才是这个国家真正的栋梁。

时刻保持平和心境的人，无论身处纷争中，还是在黑暗中，都不会迷失或自暴自弃。只有明晓真正的善，才能获得心灵的平和与静谧。

所有的纷争、疾病和焦躁，都是我们自身失调的表现。这些都不是现实中应该存在的，上天从来没有制造过这些东西。明白这些，我们就能认识真正的和谐生活的意义，以及秘密所在。

即便在最恶劣的环境中，我们仍可做到最好，让恶境也能散发出芳香与温馨，让我们过上安稳的生活。

多想想正义，自可驱赶邪恶。让心灵充满真善美，丑陋、邪恶与虚假就难以滋生了。

假如我们的心中没有音乐的旋律，没有对正义的渴望、对真善美的追求，再好的音乐也不会被我们欣赏；假如我们不认可爱默生，那么他的作品就难以激起我们的共鸣；假如我们心中没有对美的渴求，那么在世界的任何一个角落中都不可能找到美。

我们怀着某个虔诚的目标在生活，在这个目标的指引下，我们有能力解决所有损害自尊及同情心的纷争。这种自我认识具有将茅草屋变成豪华宫殿的力量。

老布朗是个乐观的人，即使他接连失去了一切——家人、房子、财富与健康，各种各样的厄运缠绕着他，但他在祈祷的时候，仍然会感激上帝赐予的一切。

朋友们感到很奇怪：他都这样了，为什么还要感恩呢？但老布朗还是那么豁达与乐观，他说：“即便我失去了世间的所有东西，我仍要感谢上帝，因为我还有两颗牙齿，上下各一颗。”

让我们成为生活的掌控者吧！而不是随波逐流，被环境所影响。让自己从细小的烦忧中解脱出来，超脱于各种琐事。做自己比做工作更重要，凭着做人的气概，凭着乐观的性情，在乐观中感受一种积极向上的力量，重新获得希望，努力超越自我。

时间能冲淡痛苦，但并不等于能治愈一切

> 今天，种种的伤悲与羞辱已经过去，我将开始新的生活！

我们在大谈生活的时候，并不能撇开时间。

为什么我们总是那么大度地挥霍时间？特别是在年少时，对生活的把握程度最强之时，为什么挥霍得尤甚？既然我们不能从生命的时钟里找回浪费过的任何一个小时，那为何不好好珍惜这一个小时呢！我们要树立一个信念：再浪费时间，就是重演人生悲剧；珍惜当下的每一秒，就是在提高人生的质量。

能真正看透人生与时间之关系的人少之又少。许多人在各种傻乎乎的游戏中挥霍着时光，却不知道自己在糟蹋人生！如果你的某一个晚上或某一个白天，是在灯红酒绿的纵欲中荒度的，你迟早会后悔。这种行为不仅会败坏名声，更会让你养成恶劣的习惯。实际上，你是在故意地抛弃生活中的某个部分。到人生暮年之时，哪怕你想用一切来换回当年被挥霍掉的时间，都毫无可能。

请对自己说：今天，种种的伤悲与羞辱已经过去，我将开始新的生活！

我认识一位伟大的母亲。她的丈夫、儿子都相继离她而去，几乎所有的亲戚都被死神带走了。如此多舛的命运也曾让她祈求死神的光临，以了结无尽的痛苦。但几年之后，她开始乐观起来，而快乐的唯一秘诀就是帮助别人。她发现，这个世界并没有想象中的那么黑暗，她的人生也没有想象中那样失败。因为，她的仁慈母爱能关怀更多人，有很多人都需要她的照顾。

感激生活，探寻生活的细微毫末之处，我们会发现大自然仁慈而善良，是一位伟大的"医生"。它总是为我们的伤口施予良药，以一种神奇的方式治愈我们精神上的病痛。如果大自然没有治愈百病的伟力，世上的坟墓该多么拥挤啊！没有多少人能在死神临近之时，不产生一丝的遗憾和恐惧。但无论如何，他们最终还是回归了大自然，是大自然实现了生命的永恒。

要把握住今天，因为未来不是等来的。在现实的困难面前，永远都别去想未来的某一天——你改变处境，你成家立业，你的孩子成才，你战胜挫折……如果这样，你永远也不可能等到那一天，永远也无法消除生活中让你倍感烦忧的种种，永远也无法打败幸福的敌人——无尽的琐碎、忧虑。但你可以踏踏实实地做完今天的事情，这会让你觉得今天是属于你一个人的，你活得自在而充实。

生活之所以单调而贫乏，让人失落、消沉，正是因为我们没有活在当下，没有将精力、壮志、心智、热情投入到当前的每一个时刻！

享受今日的每一分钟，活在今日。不要让那鬼魅般虚幻的明日、不祥的预感或惧怕的事情充斥你的脑海，不要让它们剥夺你与生俱来的享受今天的权利。

每天清晨醒来，不妨三省吾身："今天的一切顺其自然，不可强求。该来则来，该去则去。但我一定要敢于确定这一点：我绝不能让任何事情剥夺自己享受幸福的权利；不要浑浑噩噩地生活，而要真真切切地过好每一天！"

过往的坎坷、不济和那些一想起就痛心疾首的事儿，再也不要在精神世界中存在了。在今天，维系心灵宁静、让你获得慰藉的存在，比如愉悦的思想、欢畅的感官，才能在我的灵魂中自在地漫游。我将撕碎那些晦涩、阴暗的画像，重新挂上欢乐、愉快的图画。任何曾经的羁绊和不忍回首的往事，都要统统赶走，至少在今天必须这样。那么，无论何时，我都可以对自己说："今天，我没有白过。"

感知幸福，与财富无关

> 除了钱外，别无他物的人才是真正的穷人。

每一个心灵都可以感知幸福，这种感知能力不是可以随意增减的，也不是任何环境可以改变的，更与财富无关。

在拥有百万资产，但除此之外别无一物的人面前，年轻人要敢于说出这样的话：“我要立志开辟出属于自己的成功人生，它将不只是金钱上的成功，更是精神上的满足。若是别人活得比我更成功，我一定会向他学习！”

如果财富能够带来幸福的话，那么，只有富人才能生活在幸福的天堂，而穷人只能在不幸的地狱中忍受煎熬。真要这样，这个世界未免也太不幸了。但值得庆幸的是，事实并非如此。

金钱本身并不能让人感到幸福开心。要想获得幸福，必须让金钱服务于高尚的目标，激发更多的善行，而不是让自己的动物本能大行其道。在愚昧无知或情趣低级的人手中，财富是不会产生任何真正的幸福的。

我认识一位富人，当他被问到在一生中，什么事最让他感到幸福时，他的回答是：帮助一位贫苦妇人偿还了她原本无力偿还的房屋贷款。人们原本预期的回答是，他在赚钱的过程中，比竞争对手生产或销售了更多产品或者如何发展壮大了自己的企业之类。但事实上，帮助穷妇人保住房子带来的幸福感，要比在商界的任何辉煌成就带来的幸福感都强烈。

但多数人仍然坚持着错误的想法，认为幸福在于欲望的满足。他们并不知道“欲望是一道深深的沟壑，只会随着欲望的膨胀而不断地加深”。一位古罗马的哲学家说过：“欲壑难填，追求金钱难有止境。”

物质上的东西难以长久，也难以把握。通过金钱来找寻幸福的人，就像从浮冰之上寻求安全的人一样。金钱能带给我们的只是物欲的满足，而人类是不能单靠面包来生活的。欲望的满足，只会让灵魂日趋匮乏，让富人最为失落的一点，就是他们无法用金钱来购买幸福。

在我认识的一些心智最为发达的人里面，他们在这个俗世中拥有的物质并不多，但他们拥有的精神财富却是金钱买不来的。

只有坚守自己的原则，才能有持久的幸福感。很多人并没有积累多少财富，却树立起了巨大的人格丰碑；很多人没有成为百万富翁，却拥有着坚不可摧的信念。是的，他们没有多少金钱，但在许多真正具有价值的不能用金钱来衡量的事情上，他们却是“百万富翁”。他们无私地鼓励、帮助别人，以高尚的情操感染别人，善良之人的心中，永远地铭刻着他们的名字。

南丁格尔女士生在一个富裕家庭，在她小时候，父母希望她能具有文学和音乐的素养，从而进入上流社会。但南丁格尔却不这么想，她曾在日记里写道，摆在自己面前的路有三条：一是成为文学家，二是结婚当主妇，三是当护士。而她最后，毅然选择了最艰难的第三条路：当一名护士。

但一开始，她的工作并不顺利。环境艰苦，医院的给养短缺，士兵们也常常因为伤痛和不满，对她们吼骂。但南丁格尔女士并没有因此放弃，而是以她的坚强、善良和精湛的护理水平，克服了种种困难，赢得了伤兵们的好感。

夜深人静时，她会提着一盏油灯，到各个病房里巡视。她仔细检查士兵们的伤口，看看他们的伤口是否换过药了，被子盖好了没有，伤情是不是得到了控制……士兵们都被她的举动感动了，有的病人竟然躺在床上亲吻她落在墙壁上的身影，表示感谢和崇高敬意。

南丁格尔女士一生并没有累积多少的财富，但她的精神却是高贵的，足以受到人们的尊敬。

与她相比，那些除了钱以外，别无他物的人才是真正的穷人。

富兰克林说：“金钱从来就无法让人真正地幸福起来，金钱中没有制造幸福的因子。”

大城市里有很多富人，但他们的名字却与有价值的事情无缘——他们没有向穷人施舍，没有做过善事；他们对政治不感兴趣，缺乏公益精神，也不参加任何真正有助于人的社区活动。

这些富人将自己完全包裹在自己的世界里，觉得与其将金钱用在别人身上，不如用在自己或家人身上。长此以往，他们越来越贪婪，也越来越麻木不仁。当他们离开人世后，世人很快就会忘了他们。

只需反省一下自身的经历就可明白，有正确的目标、保持友善和热情、对人对事谦恭细心、善于欣赏别人、努力工作……这些都能给我们带来无限的快乐，但我们仍然对金钱念念不忘，以致放弃了对这些素质的培养，这难道不是一件很荒唐的事情吗？

人应成为自己心灵的主人

> 忧虑与恐惧是人类生活的大敌，我们应像抵御疾病一样抵抗它们。

有位老人有两个儿子，大儿子是卖雨伞的，小儿子是卖草鞋的。晴天时，他心想：真糟糕，大儿子的雨伞卖不出去了。雨天时，他又想：真糟糕，小儿子的草鞋卖不出去了。所以，老人每天都愁容满面，忧心忡忡，既担心这个，又担心那个的。很快，他就病倒了。

如果你像这位老人一样，被恐惧、忧虑包围了，这就意味着：你远离了心灵的家园，背离了神圣的原则。

每个人都应知道如何控制自己的心灵，如何成为心灵的主人。当心灵属于我们自己时，我们也就会知道恐惧为何物了。很多时候，当我看到一个身强体壮的人备受恐惧折磨时，真是感觉十分可悲，他原本可以将这种恐惧扼杀掉的，却任由其潜入心底，取代了日常理性和准确的判断力。

当希望和理想破灭之时，我们的身体会产生巨大的内耗，数以千计的人正是死于此种阴郁。日后回首生活的时候，看看恐惧与忧虑对消化系统、身体机能与神经系统的危害，看看它们对日常生活的巨大破坏，我们将对这种破坏能量深感惊讶。

任何一个民族都还没有充分认识到，忧虑与恐惧是人类生活的大敌，我们应像抵御疾病一样抵抗它们。我们必须认识到培养乐观心境、高尚情操的重要性。乐观的心境和高尚的情操是预防人类疾病的重要屏障。“若在悲惨的时候，快乐不起来，那么，无论在什么情况下，你都快乐不起来。”下面是我不经意间看到的一句震撼心灵的句子，想要分享给大家：

人应成为自己心灵的主人，要觉察自己的心理活动，要有能力随时关闭或开启心灵的大门。无疑，那些任由情绪摆布、无法控制心理走向的人，绝非自己的主人，他们无法把握自己的幸福。

你拥有的比你想象的更多

> 我们可以去享受值得享受的一切，无论这些东西在名义上为谁所有。

在这个世间，一个人拥有的物质再多，也还会有一些无法拥有的东西：无法靠近的人，无法改变的时间，无法占有的感情，无法修复的缺陷……拥有再多，也往往超不过双眼之所见。把拥有多少金钱定义为幸福的标准，永远不会让你得到真正的满足。

事实上，人们过分渲染和夸大了积累财富的重要性。人类并不能享受超出感知范围的东西。一位作家曾这样说："我宁愿去享受自己没有的东西，也不愿去拥有自己无法从中享受乐趣的东西。"

诗人罗伯特·路易斯·史蒂文森曾经将苦心经营得来的名画与名贵家具，送给了一位将要结婚的对手。他在信中说："我终于成为了自己的主人，而不再是那些东西的奴隶了。千万不要成为财富的奴隶，否则，我会深深地为你感到悲哀。"

在一家奢侈品商店，一块手表标价10万元，却一直卖不掉。后来，老板想了想，将价格标成100万，结果当天就卖掉了。这种将快乐建立在花钱，而不是享受产品质量上的炫耀行为，只会让一个人偏离生活的轨迹，金钱对他们来说，恰恰成了一种体会真正美好的阻碍。

一个不知欣赏的人，个人拥有的钱再多，也未必会快乐。因为真正决定我们快乐与否的是对生活的个人标准与心态。

能从纷杂的事务中获取生活乐趣的人，才是真正的富人。像葛朗台那样用全部生命去维护自己金钱，除此之外再也没有生活乐趣的人，人们只会厌恶而又悲悯地叫他们“吝啬鬼”，他们只能称得上是有钱的穷人。在大城市里，最贫穷的人其实都是大地主，他们心中可以拥有数千亩的土地。

喜欢抱怨的可怜朋友啊，你们可曾意识到，自己是多么富有？你们总是说自己没有土地，没有房子，只是与家人蜗居在一两间房子里，你们只会羡慕别人赚走了很多钱……其实，是你们自己劫走了原本属于自己的快乐，你们无法去享受世上的美好，你们的快乐早被自己的嫉妒剥夺得一干二净。

我曾听朋友讲起这么一个故事。一个穷人躺在海滩上，一个经过的富人问他：“喂，伙计，你在这儿干什么？”

穷人答道：“我在晒太阳。”

富人又问道：“天气那么好，你难道不应该去干活吗？等赚够了钱，再来好好享受享受温暖的阳光。”

穷人坐了起来，反问道："可是先生，我现在晒着温暖的阳光，不是挺好的吗？干吗非要有钱之后再来享受呢？"

富人疑惑了，禁不住问道："难道你们穷人也过得很快乐吗？"

穷人笑道："我们为什么不快乐？虽然我们没有足够的钱，但我们有这干净的沙滩、辽阔的大海和温暖的阳光啊。我们拥有那么多，为什么不快乐？"

是啊，他拥有这么多，就应该快快乐乐的。可是，为什么那么多人要苦苦挣扎，去追求某些东西名义上的所有权呢？这个世界，其实只属于那些能够欣赏美好并能感悟其中乐趣的人。

我不需要妒忌在波士顿或纽约的有钱的房地产商人，在我看来，他们只不过是在帮我经营、维护、照看我的财产罢了。因为我只消花费几美分，便可以坐上火车，随意去欣赏、领略那片土地上的美好事物：葱葱绿草，森森灌木，草地上耸立着杰出艺术家的雕像群。无论在什么时候，只要心生向往，我就可以前往欣赏。这一切显得如此轻松，如此惬意。

我并不想将这些东西据为已有，搬进自己的家中，因为我无力保养它们。还有，这也会花去我不少宝贵的时间，我的内心还会因此产生莫名的忧虑，深恐它们被偷窃或损坏了。

在这个世上，我有太多财产了。身边有一些人想用表面上很诱人的东西取悦我，但我花在图书馆、铁路、画廊和公园上的金钱远远小于他们给予的东西的价格。历史积淀的一切让我陶醉，所有人都是为我服务的；生命与山川皆是属于我的；星空与花朵、海洋与空气、小鸟与树木，这些也都是属于我的……我如此富有，夫复何求？我所要做的只是养活自己。而在这片充满机遇的土地上，养活自己是轻而易举之事。

因为自身没有能力去购买奢侈品而去妒忌别人的想法，是多么愚蠢啊！我们可以去享受值得享受的一切，无论这些东西在名义上为谁所有。

“若你一无所有，那还是先感谢眼前拥有的吧。你会惊讶地发现，快乐会自然地从你心底生发出来。”查尔斯·F.埃克博士如是说。

奔走在名利场上的你，是否可以停下来想一想：在偌大的自然与社会中，你是多么富有啊！大街、马路，都是免费的；公园是你的；公共图书馆既是别人的，也是你的；河流、小溪、高山、落日以及美丽的苍穹，这些都是属于你的，即便是美国首富洛克菲勒享受到的阳光，也不比你的多；大自然的魅力，四季的变换，造物者到处撒播的欢乐，这些都是你、我、他共享的。美丽的风景属于名义上的拥有者，也属于你这个非名义上的拥有者。你拥有的比想象的更多。

并不需要去占有某物，才可以享受它们。快乐的关键在于知足。满腹牢骚的人，即便家财万贯，实际上也是个穷人。而知足之人，能从别人拥有的东西中享受乐趣，他们才是真正富有的人。

世上只有一种值得追寻的幸福

> 真正的幸福只来自于正确的生活态度和健康的生活方式。

大发明家乔治·M.普尔曼成为百万富翁之后，曾这样说过：“除了不再需要像以往那样夙兴夜寐地劳动之外，现在的我并不比当年那个身无分文的我快乐多少。当年潦倒的我甚至比现在还快乐。”

而政治家拉塞尔·塞奇说：“金钱是造成虚荣与精神烦忧的主因。”

在这个问题上，巨富们的观点应该算权威了吧。尽管如此，芸芸众生还是对财富趋之若鹜。

“为什么别人拥有的财富比我多，却还要拿走原本属于我的财产？”“为什么我自己只有一丁点儿钱财，而别人却多上许多？”

可怜的人啊，不要用这些问题折磨自己了，你为什么要贬低自己，向那些有钱人卑躬屈膝呢？难道只有金钱才能衡量事物的价值吗？难道金钱比幸福还重要吗？不！你应该看到，人类心中始终有一种追求幸福的信念，这种信念比所有身外之物都更有价值！

若总是专注于敛财，总是想在金钱游戏中获胜，以满足你那无尽的欲望，那么，就不会有任何东西能重新点燃你心中的幸福火焰。

首先，金钱至上的理念会成为一种习惯。这种习惯会上瘾，最后会发展成一种疾病。吸毒成瘾者会丧失道德责任感，丧失对真理与义务的认知，变成一个为满足自己的毒瘾而满嘴谎言，却还不以为耻的人。金钱狂热病只会让你越来越自私，让你失去对亲人、朋友的责任感，让你变成一个极其不健康的人。

有个故事：一个暴发户，在车祸中撞毁了轿车。“我的名贵跑车啊！”他心痛不已，哭了起来。过路人看见他的胳膊在流血，善意地提醒他：“别只顾着哭你的车，你的胳膊受伤了，赶紧包扎起来吧！”暴发户听到后止住泪看了下胳膊，又立刻开始哭起来：“我的定制手表啊！”看，在这里，人性已经被物质扭曲了。

其次，错误的人生态度是贫瘠生活的元凶，它会阻碍我们自身的成长。觊觎别人的财富、嫉妒别人的幸福与设定错误的目标，会扼杀你本应该有的乐趣，让你的幸福蒙上阴影。这样的人，一看到别人成功，就若有所失。世上只有一种值得追寻的幸福——健康积极的幸福，它不带半点副作用，而私欲的满足将产生致命的副作用，会让人失去攀登人生高峰的能力。

在加拿大，有一个奇怪的病人叫贝亚特，35岁，三年前，他买彩票中了大奖，认为自己成了世界上最幸福的人，从此不再需要工作。于是他辞了职，自由自在，肆意地消磨时间，看自己喜欢的电视节目，打高尔夫球、棒球，去世界各地游玩……他还跟妻子离了婚，这样就不用再忍受她的坏脾气了。他失去了进取的动力，对自己的未来毫无规划，非但没有感到更多的快乐，反而越来越孤独。最后，他因为抑郁住进了医院。

其实，金钱的价值被人们过分地夸大了，它根本不能与乐观的心态、高尚而平和的性格相提并论。金钱确实能带来很多东西，充满了诱惑，对那些心灵懦弱、肤浅和虚荣之人而言尤其如此。但金钱也会招来许多敌人，这些敌人会诱惑我们去做许多无益之事，这些事情会损害我们的健康，降低我们的品格。

爱默生说过，如果你拥有了土地，土地也会牢牢地套住你。财富的经营总是要投入精力与时间的。财富的累积也会带来更多的责任，这种责任产生的压力容易让人滋生享乐的念头，最终走向追求感官与欲望满足的道路。然而，穷奢极欲的生活并不是通往幸福快乐的途径。

在许多人眼里，金钱代表着可以放纵自己的动物本能。他们觉得，只要有足够的金钱，就可以满足所有的欲望，享受完全的自由。但他们不难发现，金钱同样会带来数不尽的折磨与痛苦。

作家罗伯特·路易斯·斯蒂文森说："物欲是阻碍人们通往幸福的重要障碍。"一个朋友的家被大火烧毁后，他居然发去了一封祝贺电报。因为这位朋友的妻子需要管理一大堆仆人与庞大的财产，才变得整天精神恍惚，现在，她终于轻松了。

在这个时代，很多富人想尽一切办法去平息良心的自我谴责。他们想从那些不义之财中获得幸福，但他们却不明白，金钱换不来宁静、淡然和满足。一些经历过磨难的富人可能会去建学校、建医院或是接济穷人，但如果只为求得心理平衡，那么，他们终其一生也难以感到幸福。

幸福是买不来的，正如爱情与尊敬一样。我所知道最可怜的一群人正是那些挥霍着金钱，叫嚣着要用金钱来购买幸福的人。殊不知，真正的幸福只来自于正确的生活态度和健康的生活方式。

格式化曾经的不愉快

> 昔日的坎坷、艰难，就让它随风而逝吧！

破晓时的清爽空气，可以让人精神振奋，就要开始的一天是多么美好啊！

如果你有这样的心态，就容易获得更深刻的人生体验。

这样的心态很难拥有吗？不，只需要你学会控制自己，用不了多久，发现快乐、幸福的习惯就能培养起来。

不要一味地沉湎在过去之中，不要为自己未能抓住机会而扼腕叹息。任何成就伟业的大人物，都不会否定自己的过往而陷入自责中，他们会的只是每一天都健步前行。

如果我们一味地思虑过去，沉湎于过去，那么，成就自己需要的心智与魄力又从何而来呢？所以，把精力投于自身不能改变的事情上，不啻是一种浪费。

昔日的坎坷、艰难，就让它随风而逝吧！若能在深夜里静静地想明白昨日的痛苦只是一种对未来要格外小心的提醒，你迎来的就会是充满朝气的明天。

露娜刚结婚不久，她的丈夫便遭遇车祸身亡。当她接到通知，失魂落魄赶到现场时，丈夫的尸体已经被转移到了殡仪馆里。刚料理完丈夫的后事，露娜又不幸被查出患有乳腺癌。

朋友们得知露娜的消息后，担心她承受不住悲痛，便决定晚上轮流上她家陪她过夜。出人意料的是，每一个上门的朋友都发现露娜并不像她们想象的那样悲观、憔悴。相反，她把一个人的日子过得有滋有味。

朋友们疑惑地问露娜，露娜依旧一脸浅浅的笑。她平静地说："生命是脆弱的，我们不能让它承受太多痛苦的记忆，虽然记忆有时也是一种快乐，但是忘却一些不快乐的记忆也是一种幸福。让有快乐往事的人永远记着快乐，让有痛苦往事的人永远忘却痛苦，生活会因此而丰富起来。所以，我总是把自己的记忆'格式化'，只留下美好的事情。"

露娜是一个懂得生活的人。她知道痛苦是一种病毒，若不急速对它进行处理，后果就是"主机"全盘崩溃。我们也应学会像露娜那样，格式化曾经的不愉快，无论它们让你多么难堪和屈辱，只有忘记它们，你才能放下包袱，重新上路。

幼稚的行为、不幸的遭遇等，都只是昨日的事，不要让它们来糟蹋你今日的生活。

试图去改变那些不能改变的东西，是人类所能做的最愚蠢的事。

对于短暂的人生而言，将来比过去更重要。不要忘记最初的梦想和追求，从当下开始改变。在未来的人生中，要么是与快乐同行，要么就是与无聊或痛苦同行。

在自己喜欢的任何地方，快乐地营造自己的小巢

> 不需要去计较这些花园到底属于谁，我们只管去欣赏看得见的美景。

著名作家华盛顿·欧文的小说中有这样一位法国公爵，他将凡尔赛与圣克劳德公园作为自己度假的胜地，将多维尔与卢森堡的林荫大道视为自己休闲的好去处。虽然这些风景不属于他，但这并不影响他从中获得乐趣。

这位公爵说：“当我路过这些美丽庄园的时候，我把自己想象成它们的主人。熙攘而快乐的人群是我的客人。我乐此不疲，因为我拥有的是一座‘无忧宫’。在这里，人们可以尽情地玩耍。整个巴黎都是我的大剧院，人们不断在我眼前上演着一幕幕让人叹为观止的戏剧。我的椅子静静地横躺在每条街道上，数以千计的人可以在上面休息。”这位老绅士面带微笑，幽默地说：“当我回想起以前所遭受的苦难，再看看现在的快乐，怎能不认为自己是个有福之人呢？”

我们的眼睛能看到世上的一切，这还不能让人感到满足吗？我们不需要去计较这些花园到底属于谁，我们只管去欣赏看得见的美景。你的

欣赏到的难道跟花园主人的有什么不一样吗？从这个意义上来说，我们何尝不是它们的主人？何尝不是万事万物的主人？

漫步的时候，沿途看到的美丽风景——青青的草坪、美丽的花朵、高大的树木，这些都是属于你的；在名义上属于别人，也并不妨碍你审美的权利。无垠的田野、壮美的山川、潺潺的小溪、葱葱的绿草、幽深的峡谷、婉转的鸟鸣、落日的万丈霞光……这些都不是某个人能独享的，它们只属于能够欣赏能够感知的人。

能从普普通通的花朵中看到艳丽，从青青的草地上看到力量，从奔流的小溪中看到智慧，在磐石上领悟布道的涵义……从自然中感受存在的美好的人，才是真正拥有这些的人。对这些高尚的心灵而言，每个自然之物都很有能量，都值得欣赏。他们对大自然的感激之情，就如沙漠中的旅行者对甘洌泉水的感激一样。

弃繁就简，轻装出发，从纷繁冗杂的事物中获取能量与真正的财富，这才是他们的使命所在。然后，乐于奉献的他们又会把清新的甘霖洒向人间，回报社会。

你是否留意过，蜜蜂经常会从我们认为最肮脏、最丑陋的花朵中采取花蜜。我认识一些心灵高尚的人，他们极大地拓展了这种神奇的本能，养成了从各种事情中采取“蜂蜜”的能力。他们能在最恶劣的环境中发现美好，即使在与赤贫者、卑鄙者以及不幸者的交流中，也能发掘出让生活甜美起来的东西。

我从遥远的东方游历回来的朋友曾给我讲过这样一个故事：一位老禅师，他有很多虔诚的弟子。有一天，他嘱咐弟子每人去河对岸的山上打一担柴回来。于是，弟子们跑到河边，却发现桥被山洪冲毁了，无功而返，弟子们都有些垂头丧气。唯独一个小和尚高高兴兴的。师傅问道："你为什么那么高兴啊？"小和尚从怀中掏出一个苹果，笑嘻嘻地说道："师傅，我过不了河，打不了柴，但看见河边有棵苹果树，就摘了一个苹果回来，没有白跑一趟。"后来，这位小和尚成了老禅师的衣钵传人。

从纷繁世事中找寻乐趣的能力真是上天的赐礼，它让我们得以拓展人生的维度，深化自身的阅历，丰富内心的情感，实现自我培养。让我们像小和尚一样，学会发现生活中的快乐和美，而不是一味地奔着目标前行，目无他物。

那些对美视而不见，即使面对最雄伟、最壮观的景色也不为所动，内心没有半点欣赏之情，心灵产生不了半点震撼的人，又何谈去调动生活的激情呢？

我们应学会时刻享受在常人看来不属于我们的东西，就像小鸟，它并不在乎自己是否名义上拥有某片山林，它永远会在自己喜欢的任何地方，快乐地营造着自己的小巢。

PART

5

适合自己的活法，就是最好的活法

如果风过后还是风，雨过后还是雨，
伤痛过后还是伤痛，失去之后还是失去，
那么，请给自己一个微笑，从容面对突然来袭的一切，
并继续寻找下一个安宁和美好。

笑容是一道荣光

> 健康源于心灵的和谐，源于乐观、自信和淡定从容。

在相机面前，一位老妇人摆出一副严肃、冷峻的表情——这副尊容让邻家小孩躲得远远的。

摄影师突然从相机后面的黑布里探出头，说：“老太太，眼神放亮一些。”

她努力按照摄影师说的去做，但那副呆滞沉重的表情仍然挂在脸上。

“脸上的表情再舒展点。”摄影师语气中带着鼓励，也带着命令。

“年轻人，如果你觉得一个沉闷的老人家只是笑笑，就能显得年轻，就会快乐，那么说明你对人性没有了解。笑容不是摆出来的，快乐需要一些外力来催化。”

“喔，不，不是这样的。只要你从内心认为自己是快乐的就可以了，再试一次，好吧？”摄影师用温和的语调鼓励着她。

她只得又尝试了一次，看起来比上次好了许多。

“好！不错！你看上去年轻了20岁。”摄影师捕捉到她憔悴的脸上转瞬即逝的荣光之后，不禁惊叹道。

这是她丈夫离去之后，别人对她的首次赞美，这样的赞美让她心情愉悦。她带着这样一种令自己觉得“不可思议”的心情回了家。回到小屋后，她对着镜子自言自语道：“这其中可能真的有一些魔力，但我还是先看看冲出来的照片再说。”

几天后，她端详着冲洗出来的相片，照片中的她容光焕发，仿佛获得了第二次青春。她久久地注视着照片，然后若有所悟地说：“如果我能做到一次，就完全可以再做一次啊。”

她走到梳妆台旁的小镜子前，平静地说：“凯瑟琳，笑一下。”苍老的脸上果然再次闪过一丝光芒。

“笑得灿烂点！”她用命令的语气对自己说道，脸上也随之闪现出淡定的笑容来。

过了一段时间，邻居注意到了她的变化。他们私下问她：“凯瑟琳，你怎么好像一下子年轻了好几岁？你是如何做到的？”

她笑着对他们说：“这一切都要从内心做起。只要你努力去想快乐的事，你就会快乐起来了。”

如果一个人不能成为自己情绪的主人，就无法让自己的身心保持在最佳的状态里。

我们的生活状态很大程度上取决于心灵这台机器的运作，虽然在没有适当润滑的情形下，一台复杂的机器也能够做许多工作。但毕竟让这台机器时刻处于最佳的运行状态，它才能创造出更多的结果，甚至产生奇迹。

手表中如果有一个不达标的齿轮，手表的定位将会因此产生不精确的状况。因为手表的绝对精确度，不仅取决于每个螺丝、指针与轮轴的精细做工，更重要的是，每个部件都要相互配合并顺畅地运行。

健康之于身体恰似齿轮之于钟表，身体各部位运转和谐，就是一种最佳的状态。任何一个部位出现了问题，都会让身体的整体机能失调。健康并不只是由发达的肌肉、充沛的肺活量或强大的肝功能决定的，真正意义上的健康的标准是身体各个器官能够和谐有序地运作。

健康源于心灵的和谐，源于乐观、自信和淡定从容。忧郁、消沉、悲观只会让你在无休无止的心灵折磨中颓丧下去。是的，在四周都是缺陷部件的情形下，你又怎么能够期望拥有一个显示精确的刻度表呢？

就让笑容做我们“人体机器”的润滑剂，用爱促进我们的健康，驱走忧郁、消沉和冷漠，确保身体顺畅有序地运作，让力量与活力充满全身！

开心是一种长久的力量

> 决定一个人心情的，不在于环境，而在于心境。

如果“开心”一词缺乏开心的真实内涵，那它的意义并不大。

我们经常可以听到游玩归来的人说“玩得好开心”“今天真是很高兴啊”之类的话，并能感受到他们的兴奋。同样的话，换一个在办公室闷坐了一天的人说出口，你的感受是完全不一样的。

真正的开心是一种长久、催人振奋的力量。有了这种开心，心灵会升华到一个较高的层次。在一个牙牙学语的婴儿到血气方刚的青年人，再到老年的生命历程里，乐趣的大门会向你次第打开。当然，这些大门通常都是在不经意间敞开的，可能是在某位朋友提建议时，或在阅读某本书时，或在沉思时。

思想者在书本中享受到的乐趣，远超过“开心”的感觉，这是一种对心灵的极大升华。若是遇到不顺心的事情，我们不妨释放出久在樊笼的灵魂，让自己的心灵在智慧的海洋中徜徉。乔治·赫伯特说：“与思想上的神奇漫游获得的乐趣相比，感官上的满足或欲望激起的激情是一文不值的，智慧上的感觉会超越所有的低等感觉。”

饱经磨炼的人，更容易避免环境带来的负面冲击，可见，心灵的培养极为重要，这远非物质财富对感官的一时满足可以比拟的。

人在成长的过程中，要不断追求心灵的恬静、平和与满足，这是一个训练心智与培养思维习惯的过程。如果你认为生活给予的太少，那是因为你还没有培养出从生活中获得欢乐、体验美的能力。

苏格拉底没结婚的时候，曾和几个朋友一起住在一间很小的屋子里。尽管条件非常简陋，但他每天神采飞扬，看起来非常快乐。于是就有人问他：“你们那么多人挤在一起，睡觉连转个身都难，有什么值得高兴的？”

苏格拉底却说：“朋友们在一块儿，随时都可以交流学习心得，交换思想和感情，特别方便，这难道不是值得高兴的事儿吗？”

没过多久，朋友们相继成家了，先后搬了出去。小破屋里只剩下了苏格拉底一个人，可是他每天仍然很快活。于是又有人问他：“现在屋里就剩下你自己了，一个人孤孤单单的又有什么可乐的呢？”

苏格拉底自豪地说：“怎么能说我是一个人，你没看到我身边有那么多书做伴吗？一本书就是一个老师。和这么多老师在一起，随时都可以向它们请教问题，这怎能不令人快乐呢？”

后来，有人遇到苏格拉底的学生柏拉图，问道：“你的老师为什么总是那么快快乐乐？我感觉他目前的处境倒像是很糟啊！”

柏拉图回答说：“决定一个人心情的，不在于环境，而在于心境。”

而苏格拉底是一个真正的智者，他的思想和心境都处于一种最开阔、最自由的状态，所以，同样的环境下，他能感受到别人感觉不到的快乐和美。

你要知道，宇宙中没有哪个角落不存在美。想想显微镜带给我们的全新世界吧，想想天文望远镜是如何拓展我们对宇宙的认识的吧，这些都是肉眼无法窥见的——虽然无法窥见，却真实存在。

一位超级粉丝曾寄给阿加西博士一张一千美金的支票，想让他出国收集一些珍贵的东西，揭开一些科学的秘密。但阿加西写信回复说，他打算在自家后院度过漫长的假期。后来，他的那双善于发现的眼睛让他在自家后院发现了化石的残迹！

他的心灵如此充实，即使是在最俭朴的环境中，也能找到自己喜欢的事情去做。

无论到哪里，爱美的心灵都能发现美的踪影。

确信你能成为自己想成为的人

> 真心投入生活的人才能成为最大的收获者。

世界处处有幸福。

假如我们愿意抓住眼前的一切，总是有很多空间可以享受快乐。许多人在不懈地找寻着幸福，想寻找能让生活更舒适的东西，他们试图让不安的情绪得到缓解。不少人认为，幸福是一种欲望满足后的快感，这是错误的，这种所谓的幸福只是一种短暂的幻象。欲望的满足总是伴随着某种反应，它不断刺激着更强的欲望，让人们越陷越深。

有的人动不动就大吐苦水，埋怨自己没有得到生活的一丝恩惠。在他们眼中，生活成为了某种掠夺和索取的对象，而非尽心培养的花朵。正是这种想最大限度地索取的欲念，使得人们的灵魂越来越贫瘠。

真心投入生活的人才能成为最大的收获者。就像有的农民没有太多欲念，只会专心去播种，然后抱着没有贪念的期待之心等待收获。恰恰是这些专注于生活的人，才获得了真正的丰收。

我们不能到处抱怨，觉得生活一无是处，或世界对自己没有一丝的恩惠。想要收获的话，从现在开始，全身心投入到生活之中，将爱与知足投入进去，将乐观与无私的服务投入进去。

除非你有一颗感恩的心，去感激造物者的赐予，否则你就会不满。这可能源于纯粹的自私。生活中不可能没有一丝值得感恩的事情，而感恩的习惯是通往成功与幸福的最重要保证。

印度有一个投递员，每天都活得很开心。他对自己的生活状态显然很满足，遇到上司、同事，甚至陌生人，都乐于即兴逗乐他们。他乐观的态度在小镇上人人皆知，以至于有很多市民主动打电话给邮局，主动要求让他为自家送报刊。

邮局当然不会同意这种非正当的要求，但这个投递员确实“火”了，甚至有家著名电台邀请他去做节目。当主持人问他如此快乐的原因时，他这样回答：“我来自印度最贫穷的德卢卡村，从小父母就去世了，而且从来没有哪个女孩喜欢过我。我本来一无所有，但现在有一份稳定的工作，虽然薪资不高，但足够我解决温饱问题了，我为什么不快乐？又为什么觉得不幸福？我很满足，就应该做一个快乐幸福的人。”节目播出后，更多的人喜欢上了这个快乐的投递员。

早晨起来对自己说：“感激世界赐予我新的一天，感谢上天赐予我的一切。”这是一种自我暗示的力量，接下来，你甚至可以安心说：“我不会对自己所处的环境满口怨言，我只会寻求力量与指引去改善处境。”

真正的幸福是需要培养的，需要源自心灵最深处的认可。自私永远都不可能带来快乐，贪欲总是带着我们远离幸福。若想找到幸福，就要有一颗纯真的心，用清明的心智、高尚的目标和无私的目的，为众生的福祉做出点事情来。

即使前路一片暗淡，也不要认为自己已经山穷水尽了，你只是暂时受困于环境之中，看不到突围的方向罢了。我们要时刻充满勇气，一扇门的关闭往往意味着另一扇门的敞开。

正确的心态是：无论你想做什么，或想要成为什么，都应当确信自己是行的，确信你能成为自己想成为的人。假如你想拥有强壮的身体、旺盛的精力、富足的生活，记得时常提醒自己："我很好，我活得很充实，因为我谨守自己的原则。"

真正爱自己的人，是懂得让自己快乐的人

> 世间有两种快乐：一种是自己快乐，另一种是为别人的快乐而快乐。

早在太阳能电池系统诞生之前，地球便已经在用各种方式储存着那些发自1.5亿公里之外的太阳的能量。地球上大部分地区一天总要有一半的时间陷于黑夜，人生也是如此，并非天天都是阳光普照。如果我们每个人都能够拥有一个“太阳能电池系统”，就可以在幸福和感动的时刻把美好的感觉储存起来，在风雨来临时，释放它们以帮助我们度过脆弱和绝望的暗夜。

每个人得到一个好消息或遇上一件高兴的事儿，都可以轻易就快乐起来，但在平常而庸碌的日子里，依然能保持快乐才是一种本事。心里有阳光，才会时时晴天。

我们常常可以见到，企业、办公室乃至家庭中都能因有一颗阳光的心灵，而让整体氛围都变得很轻松。

汽车巨子亨利·福特在年轻时担任过工程师的职务。有一次他带队

修筑一条河堤时遭遇了突如其来的暴风雨，暴涨的河水淹没了所有的机器设备，他们辛辛苦苦修筑的工程也全被摧毁。当洪水退去之后，工人们望着遍地的泥泞与东倒西歪的机器，欲哭无泪。

“你们怎么都哭丧着脸？”福特笑着问大家。

“你自己瞧！”工人们说道，“遍地是泥泞，我们还怎么干活？”

“我怎么没瞧见？”福特爽朗地说。

“这不是吗？还有那里……”工人们指着满是泥浆的机器，不解地看着福特。

“我只看见蔚蓝的晴空，那上面没有一块泥巴，即使有，泥土又如何抗拒阳光的照射呢？不久淤泥就会结块，我们就可以重新开始施工了，不是吗？”

在福特快乐心情的感染下，工人们很快从悲观中走了出来，重新打起精神投入到工作中。

乐于生活的人，他的生活会永远快乐，所以，传播欢乐，保持微笑吧！

想象一下，如果到处可以看见别人的笑脸，那该是多么愉悦的一件事啊！笑脸洋溢着希望、阳光与欢乐，当茫茫人海给你传递的不再是熙熙攘攘的阴沉，而是一张张快乐的笑脸时，你也会快乐起来，变得更加喜欢这个世界。

波士顿职业局有一条规矩就是让人微笑。

微笑是可以丰富我们的生活的，有什么是比向生活注入阳光、乐观更美好的呢？

大城市里，许多年轻人满脸忧郁，本应充满阳光、活力十足的他们，被生活的重担和内心的迷茫压抑了欢乐，这真是件让人遗憾的事。

你们本是风华正茂，你们本应朝气蓬勃，为什么要去沉浸在烦恼忧伤中，而不去享受青春的美好呢？迷茫和无助虽然是人生中必须面对的现实，但恰恰是有它们的存在，快乐才有了意义，而正常、自在地生活，可以让一颗年轻的心重新充满活力。

其实，对于一个身心健康的人来说，心胸豁达是件极为自然的事，正如年轻人害羞时，脸颊会不自觉地变红一样。哪里有习惯性的忧郁存在，哪里就有浑浊的空气、不干净的食物、繁重的工作和种种不开心的事情。

忧郁的小说家弗洛伦斯·M.金斯利说："从今以后，我决定不再让烦忧与压抑占据自己的心灵空间了。"后来，他果然变成了一个阳光快乐的人。

其实，我们也可以锻炼自己的意志力，逼着自己关注世界阳光和美的一面，只要我们努力升华自我灵魂境界，就可以培养出一种随时随地享受幸福与快乐的习惯。

若能如此，你的人生必将幸福得多。

幸福是一个过程，也是一个美好的结果。没有良好的心态、积极的行为，幸福也就无从谈起。

不知道还要过多久，大家才会知道：对神经的刺激，如单纯地满足肉欲或沉浸于各种过度的情绪中，都只能收获落寞与失望。蓦然回首，我们才发现，真正的幸福感来源于自己的诚实善良、公正为人以及乐于助人的行为。

其实，幸福本身是一个巨大的矛盾体，可以在任何土壤，任何气候中生长，却又独立于环境之外，拥有与否完全看一个人有没有一颗懂得爱的心。人才是自己的幸福创造者，内心的深度决定了生活的高度，高尚理想引导下的生活才有质量。

像无私赐予众生阳光和热量的太阳一样，我们的幸福不在于占有，而在于奉献；不在于拥有，而在于分享。

你要知道，幸福是心灵在自身处于和谐之时，自然散发出的温馨暖流。

一个人所需要的物质，可能要依靠别人，但本人想要什么快乐，却只能从自身去找寻。人生中获得的一切物质，都不过是暂时的拥有，我们唯一能抓住的只有快乐成长。

幸福是心灵在拥有无形价值时感受到的乐趣，拥有幸福和快乐，其实真的没有想象中那样难，而真正爱自己的人，是懂得给自己幸福的人。

当你口口声声都是埋怨，哀叹自己的人生充满了悲伤、失望与痛苦的时候，笑一下吧！不要整天想着犯过的错，想着自己又错过了什么。昨日之日不可留，来日方长，何必今日之日多烦忧？

其实，人生最大的成功，就是在年轻的时候就培养出了一种“盼望最好，不想最坏”的心理习惯。

人，生在世上，绝不只是一种被物质奴役的可悲生物，不应被幸福的敌人团团围住，过着一种被动的生活。相反，我们生来就该是快乐的，不该被那些恼人的忧愁、不祥的预感困扰，我们绝不要去忧虑或阴郁，取而代之的应该是乐观与积极。

每个人都有让自己快乐和健康的责任，如果你能让自己用一双充满善意的眼睛，向世间传递友好，那么，你的友善不仅会照亮别人的生活，还会为自己打通一条内在升华之路，这些才是你最宝贵的财富。

任何地方都书写着美，只是你没发现而已

> 别不相信单纯的幸福，让我们努力开发快乐的能力。

听玉米拔节，看花开花落；在挥锄耕田时感受一下粗重的呼吸；认真地阅读，磨砺自己的思想；为他人祈祷……这些，都能让人感到快乐。

对于具有良好审美力的人而言，这个世界，随处可以带来难以言表的幸福感。即使在熙熙攘攘的街头，也会从人们迥异的面部表情上感受不一样的生活，领略各自的风采……能进行感受是多大的恩赐啊！但是，真正认识到这点的人又有多少呢？

有这样一个故事：

有一个忧郁的王子出来寻找快乐，找了很久都没找到。失望的他，在路上遇到了一个快乐的樵夫。

王子问：“为什么你一无所有还会那么快乐？”

樵夫说：“谁说我一无所有？我吃的饭和你一样多，我睡的床和你

的一样大，我做的梦和你的一样美……你不能自由自在地四处游荡，我可以；你不能随便躺在草地上，我可以……我为什么不快乐？”

尽管生活本就是永不枯竭的快乐之源，但有许多人任由自身的感官功能萎缩，只是将赚取金钱视为幸福的唯一来源。对于胸怀宽广之人来说，那一声声清脆的铜钱声，丝毫代替不了观看水滴石穿的乐趣。

因此，生活的乐趣不在身外，而在内心。审美力掌握在我们手中，让我们从茫茫天地中感受细微的美好，而不是像一群被驱赶的羊那样，只知吃、喝、睡，只懂得满足生理欲望。

有修养的人能用耳朵、眼睛与大脑，从生活中获得各种乐趣，物质并不能制约他们。我们可以让自己成为思想上的百万富翁，即便拥有的物质财富不多，我们仍能享受快乐。如今，物质能给予人们的幸福和欢乐被无限夸大了，沉溺其中的人不知道，平和的心态、高尚的心灵才可以带来天底下最美好的感觉。

路德说过：“世界处处都有天堂，不是吗？宇宙中没有哪个角落是美神没有精心雕琢的，其中的美丽常常超出了我们的想象。在那遥远的地方，有从未被人踏足过的青草地，有不知名的野生植物，有迎风摇曳的花朵，有成群的飞禽走兽，有壮丽的山川……这些难以用言语描述的事物，向人们昭示着世间存在着真正的美，这也正是造物者希望每个人都能认识到的。我们应该深信，造物者在任何时候、任何地方都书写着美。”

但有着良好审美力的人，才能在生活里感受到无穷尽的趣味。

天堂总在最不经意的地方投下影子。小草、花朵、夕阳、山川，都是造物者写在地球上的象形文字。如果我们能在每片叶子上都看到天堂的笔迹，从每朵花中能读懂大自然的信息，就会拥有无处不在的快乐。

夕阳西下，你可以欣赏彤红的落霞；晨风轻起，你可以享受新发的嫩芽。我们应该及时欣赏眼前的一切。

若有一个健康的身体、一份悠然的心情，那么无论什么环境也无法影响我们的快乐。

世界青睐那些眼中含笑的人

> 镜子里那个你不喜欢的世界，照出的正是真实的自己。

世界犹如一面镜子，时刻反映着我们的影像。你笑，镜中的世界就会对着你笑；你哭，对着你的也会是一张哭泣的脸。亲爱的，此刻你看到的自己是怎样的一副表情呢?

你是否觉得自己的生活过得很没劲?你是否想过超越琐碎和平凡，保持一颗清净的心?那么，学会与人交往的艺术吧！为人处世，要养成从每次经历中汲取经验的习惯。那么，你认识的每个人，都能丰富你的人生，进而让自己获得有价值的东西。

一位女士进行了一个有趣的实验：

“之前，我一直比较情绪化，阴沉而沮丧，某天早上，我上班前想尝试一下乐观一天。我对自己说：‘都说快乐的心境对身体机能有神奇的作用，所以我决定释放一下我的快乐，看看是否真的能给周围带来什么不一样的影响。’你看，我还是有点好奇心的。

“当我走路的时候，我时刻提醒自己，坚信自己是快乐的，这个世界对我很好。我惊讶地发现，自己的精神状态真的提升了，嘴角上挂着微笑，举止也变得得体，脚步则更为轻盈了，甚至有一种飘飘然的感觉。

“在办公室里，我看到那些没精打采的同事，看起来，她们都被烦恼、牢骚甚至是愤怒的情绪所困扰，此时，我深深地同情她们。我希望自己能将内心的阳光分给她们一点。

“我先向会计问候了一句早安——我以前觉得自己不算是那种天生会打交道的人，所以平时是不会这样做的。没想到这声问候为这一天打下了快乐的基础，会计向我释放了善意。

“公司的老板是个大忙人，对自己的事务总是十分烦心。有时，他对我的工作上的评价会深深地刺痛我的心（这可能是我天性敏感的原因吧），我在他面前总是拘谨严肃。但在这天，我已经决定了，绝对不能再让任何事情破坏我欢乐的心情，所以，我面带微笑地和他交谈。他惊讶了一下，随后立即将紧皱的眉头舒展开来。

“一整天中，我都不让任何阴云来破坏晴天的美丽。在同样的办公室里，之前感到被人疏远，感到缺乏人情味，现在则感觉到了真挚与温馨的友情洋溢在四周。现在无论遇到什么困难，大家都能积极地帮助我了。

“所以，我的好姐妹们，假如你认为这个世界对自己不好，那就不要再浪费任何一天了。应该对自己说：‘我要保持年轻的心态，不在乎头上的银发是否又长出几根。不管事情是否顺心，我都要为别人的幸福而活。’播撒阳光，你将会发觉，原来幸福就在周围。你并不缺朋友与同伴，你可以让自己的灵魂安然。”

有些人总是习惯性地去触碰错误的开关，手中拿着最好的乐器，演奏出的却是最烂的调子。她们到处宣扬悲观的论调，不能以平和的眼光去看待任何一件事情。阴影无时无刻不在笼罩着她们，她们的脸上总是那么阴郁。事情对她们而言，总是艰难的，金钱对她们来说，总是拮据的，似乎所有的能量都在萎缩，自己不存在任何伸展的空间。

另一些人情形则恰好相反。他们从不投射阴影，而是在发散阳光。他们走近你，只想带来欢乐的笑声，开口说话时，只想鼓励你。人到哪里，阳光就跟到哪里。他们有一种神奇的魔力，能将困扰变成诗歌，将丑陋变成美丽，将失调变成和谐。他们能看到人性的闪光，然后说出赞美的话。

我曾与一个年轻人一起旅行，他的性格中就有这种神奇的品质，哪怕是最不愉快的经历，也能被他变成一段金子般的回忆。甚至在令人尴尬的情形下，他都能找到快乐的踪影。他总能看到事情有趣的一面，让周围的人笑口常开。一次，我住在维也纳的一间小旅馆里，那里的小跳蚤让人无法入眠，我看到他趴在地板上，一脸笑容。原来，他在丈量着这些小东西的尺寸。他声称，他发现了世界上最大的跳蚤。

没有什么比抓住每个机会帮助别人，从而让别人获得幸福更让人感到满足的了。假如你不能给予物质上的帮助，还可以给人乐观的气氛、诚恳的话语以及善意的鼓励。很多饥渴的心灵都在渴望拥有比金钱更重要的同情与欢乐，而这些都是你能给予的。

一颗充满阳光的心灵的力量远远超出我们的估量，甚至能改善生活中最残酷的环境。世界青睐眼中含笑、面带朝气且心中充满阳光的人。

好了，让我们下定决心，对人友善吧！无论发生什么事情，乐观应对，这就是幸福的最大的源泉。正如先贤所说的那样："如果一个人在自己心中不能找寻到宁静，无论在何处，即便疯狂地追寻，亦属徒然。"

若你让大脑习惯了悲伤，再想开心就会变得很难

> 我相信，如果怀着愉悦的心情谈起悲伤的事情，悲伤就会烟消云散。

不要去看那些让你心灵感到不舒服，或可能扰乱你心灵宁静的东西。

“尽早去发现自己最适合做什么，全力去做，无论你将遇到什么困难，都要相信你一定会成功。”诗人埃拉·惠勒·威尔科克斯说，“培养一种哲学的思维方式。若你拥有的不是自己喜欢的，那么，在能改变环境之前，试着喜欢它吧！”

她还说：“不要让生命的活力浪费在无尽的悔恨中，找些值得喜欢与值得享受的东西去充实自己，一步一个脚印，实现你心中所想。尽量保持乐观，积极向上，因为，大脑的活动实际上就是一种习惯，若你已让大脑习惯了悲伤，再想开心就会变得很难。”

不要让阴郁源源不断进入心灵，它们会偷走我们最珍贵的幸福感、舒适感与知足感。这些让人反感的不速之客，会将伤疤与污垢留在我们原本美丽纯洁的心房里。只有在我们知道如何排除它们的方法之后，这

项清理工作才会变得相对容易一些。

多数悲伤与苦楚，都不是多么珍贵的或刻骨铭心的，一旦面临真正的考验，你就会发现，它们并不是什么真正的悲痛。

虽然任何人都有权利沉浸于忧郁之中，但是沉迷从来不是问题的解决之道。如果我们自己都不能开心，怎么可能向世界撒播快乐？如果我们每天都满是忧伤和不快，那世界只会回馈更多的忧伤和不快给我们。所以，若想改变自己的命运，就应该信心百倍地去清除内心的负能量，这样才能走出阴霾。

我认识一个叫本·佛森的人，他曾跟我说起过他的故事。在他24岁那年，有一次他到山上砍树时，不小心被树枝重重地绊倒，伤到了脊椎骨，于是双腿就此瘫痪，再也不能站起来。24岁正是黄金般的年龄，可是他却从此要在轮椅上度过一辈子。

“那你是怎么勇敢地面对这个残酷的现实的？”当时我问他。

“我不能！”他摇摇头说，“我当时非常怨恨，命运竟如此捉弄我。但随着时间一天天过去，我开始感觉到怨恨对我毫无帮助，反而让我变得尖酸刻薄、不通人情。我终于认识到，我不能把自己的怨愤发泄到别人身上，别人和善礼貌地待我，我也应该礼貌和善地回应对方。”

“现在那次事件对你来说还是个不幸吗？”我又问他。

“不，我现在感谢这件事的发生！”他笑着说，“因为它让我找到了一个之前从未接触过的世界，我开始读书，并对文学产生了兴趣。这些年来，我读了很多书。这些书开拓了我的眼界，丰富了我的人生，让我开始体会真正的人生价值。而且，我还学会了欣赏美妙的音乐，从音乐中我能获得别人难以想象的快乐。所以，我现在每天都很快乐！”

如果每一个遭遇到不幸的人都能像佛森这样活得那么快乐，那该多好呀！因为，快乐意味着和谐，和谐意味着身体机能健康，意味着高效。所以，无论你做什么，遭遇什么，为了自己，为了身边的人，都应培养乐观的性格习惯。如果一切处于正常状态，机能就会处于最佳的状态。让自己开心幸福，是个人最实惠的投资，因为它能保证大脑与身体的最佳产出。

许多天资聪颖的人之所以后来变迟钝了，是因为他们不知道诸如恐惧、担忧、自私、仇恨与妒忌等生命乐章的杂音其实是健康与幸福的“杀手”。这些“杀手”能很轻易地拖垮人，让我们在短短几分钟的冲动中就耗尽了原本该用于一整天的心灵能量。

你是否知道，幸福感能治愈一切疾病？所有疾病皆源于身体机能不协调，而幸福感事实上代表着身体机能的真与美的和谐，让人产生幸福感的一切，本身就是最好的疗愈。

相信不久以后，所有的医生都会将幸福视为一剂最具功效的药。我们也会知道，如何在最恶劣的情况下，通过消除内心的阻滞，让自己快乐起来。

马西隆说过：“健康与良好的幽默感之于人体的作用，就如阳光之于植物。”

习惯于悲伤、沉郁的人之所以难以快乐起来，是因为诸多此类的想法和观念，早已充斥了他们的心灵。

其实，许多事情，换一个截然不同的角度来看，就会获得不一样的结果。

心灵所处的状态，在很大程度上是一种心理习惯，而不是事实真有那么艰难。

作家M.J. 萨维奇 说：“从历史的经验可知，所谓的幸福只是有序生活奏出的音乐。违反身体规律时，就削弱了自己获取幸福的能力。就像一个人每次透支身体的器官功能后，就难以展现出自己的青春活力一样。”

马格莱特·斯多威说：“如果你曾经想到过什么能让你幸福，你就应该经常去想，这样可以使幸福成为一种习惯。我们应该培养看到事情积极一面的习惯。通过锻炼自己的意志力，让思想专注于能获取幸福、提升自我的东西上。”

如果你一直想让自己的快乐建立在一种积极的看待世界的方式上，那么，无论自身的感觉是否是这样，你的努力终将会让你的思维慢慢改变，直到你真的养成这个习惯。

幸福永远不会突然如潮水般地涌来，我们只能练习从日常生活中累积点滴的快乐。只要你养成了珍惜幸福的习惯，你就会成为一个拥有强大幸福感的人。

流星虽美，却非常短暂，阳光普照才是长久的幸福来源。

有人说："若是一棵植物只等着流星的出现才绽放，那未免也太傻了。"如流星般的喜从天降发生的几率是很低的，在现实生活中，有很多细小的欢乐在流淌，所以，让我们享受每个微小的欢乐瞬间吧！

关于幸福，其实并非如许多人想的那样可遇不可求，恰恰相反，这是世界上最实际的东西。能在日常生活中发现快乐的人，实际上已经掌握了这个最重要的秘密。

好好享受每封邮件传来的友好信息，工作疲倦了伸懒腰时也不妨庆幸自己还可以在舒适的房间里工作，下了班说不定还可以在晚餐时认识新的朋友。对了，可别忘了有机会的话对隔壁办公室那个生病的女孩说几句激励的话语。

幸福的一天就这么简单，没有什么秘密可言。

绷得太紧，你就输了

> 许多人之所以失败，就是因为他们对任何事情都过于认真，过于紧张了。

现在，很多人开始发现，自己太过严苛地对待生活了。

如果没有足够的娱乐与消遣，那你所获得的人生乐趣是远远不够的。许多企业家也看到了长时间单调工作带来的弊端。以前，他们总觉得必须花很多时间在工作上，但现在，他们也逐渐认识到，比工作时间更重要的是工作的效率。在身体疲乏、大脑困顿的时候，没有谁还能集中精力工作。所以，他们在逐渐缩短工作时间，增加休闲时间。只有这样，他们的工作效率才能有所提高。

许多大型企业的老板，虽然每天的工作量是巨大的，但他们待在办公室的时间却很短，反倒常常去度假。他们觉得，舍得花时间认识世界，舍得花时间玩耍，才有助于提高工作效率。同时，这样的放松活动也给他们提供了一个更为宽广的视野。

如果有人认为，只要自己比那些工作时间短但工作效率高的人花更多的时间在工作上，就会取得更高的成就。那么，我必须告诉你，这是一个天大的认识误区。

在心灵因过度的紧绷而感到疲乏时，在没有足够的娱乐让心灵恢复应有的弹性之前，如果你还想高效而专心地工作，是不大可能的。

许多人认为，伟大的成就取决于不懈的努力、持久的坚持和不间断的艰苦奋斗。他们简单地以为，工作量越多，取得的成绩就会越大。事实上，人的成就取决于工作效率而不是工作时长。

许多人原本是有可能成就一番大事业的，但现在却只能做一些低级工作，其实原因很简单：他们把生活看得太严肃、太死板，他们长时间处于劳累状态，心灵得不到休息，身体得不到锻炼，导致工作很低效。

如果你游戏尽了兴，工作起来也会特别带劲儿。彻底的休息，会让你在开始一天工作的时候，感觉精力充沛，在完成一天工作的时候，内心洋溢着幸福。但事实上，许多雇主却让员工处于高强度的工作状态之中，渐渐让他们失去了对工作的耐心、热情以及新鲜感。

我们本应随遇而安，好好享受生活的，但大多数人现在只能偶尔享受一下假期的欢乐，在多数时间里都是工作的奴隶。

我们为什么会如此苛刻地对待自己，刻板地对待生活呢？为什么要成为一份只能养家糊口的工作的奴隶呢？

解决困扰的办法其实很简单，人们只需将身上的重担卸下来，就不仅能让自己更加开心，还能取得更高的成就。许多人之所以失败，就是因为他们对任何事情都过于认真，过于紧张了。过于认真的人会对别人发出这样的信号：“离我远点，生活太重要了，我没有时间浪费在这些琐事上。”他们无趣又呆板、乖张又冷漠的个性让别人难以接近，导致自己成为孤家寡人。他们以为这样苛待自己才能换回收获，但他们错了。实际上，唯有阳光的笑容与乐观的性情，才会不断地吸引朋友，招徕顾客。

有人曾跟我说：新英格兰人实际上害怕享受生活，他们刚开始明明玩得挺开心，没过一会儿就感觉不妥。他们总觉得自己应该去做一些更为严肃、更为紧迫的事情，而不是把宝贵的时间以及辛苦赚来的钱浪费在这些事上。他们普遍相信苏格兰散文家托马斯•卡莱尔那套哲学，认为不要与享乐牵上关系，人生在世，就该严肃认真地对待生活。

尽管这段话对新英格兰人的性格判断有一定的偏差，但它对新英格兰人心理倾向的判断是准确的。他们难以真正全身心地去享受一个假期，或让自己好好休息一下。因为他们认为这些都是无益的，是浪费生命的，他们觉得自己应该去做一些更有意义的事情。

而在我看来，要想做一些所谓的大事，通常意味着要有足够的娱乐——一种健康又催人振奋的娱乐。正如有人说过的那样：“柔软的沙发是紧张生活必不可少的一部分。”

任何正常人都不可能在缺乏娱乐或消遣的前提下，保持身心的和谐。哪怕是一个小时的娱乐，都足以让一颗疲惫的心灵恢复活力。

一位住在洛杉矶的朋友给我讲过这个故事：

两名身强力壮的伐木工人打了一个赌，比赛一天的时间里谁伐的木头更多。第二天，两人一起来到林场伐木。他们一下又一下挥动斧头，砍倒了一棵又一棵的杉树。平时，两个人的节奏和力量都差不多，只是今天，他们各自多了一股获胜的念头。第一个伐木工人注意到，第二个伐木工每过一阵子就很有规律的靠着树休息十五分钟，于是他抓紧这段时间努力挥动斧头，一天都不曾休息。

劳累的一天终于结束了，第一个伐木工人很自信地相信自己赢定了，但让他大感沮丧的是，第二个伐木工的成绩远远比他要好。第一个伐木工于是问他的伙伴："嗨，吉姆，你每次都在树边做什么呢？"第二个伐木工笑着回答："我在休息，顺便磨一下我的斧头。"

工作之余的消遣，就和伐木工磨斧头是一个道理。与其绷得太紧，不如放松一会，恢复力量，修缮工具，这样才会保持最优的状态。

在一天紧张的工作之后，拖着沉重的脚步回家，在与家人或朋友的闲聊中，很多人都能体验到一种无以名状的快乐，而正是这样的放松，才能保证我们第二天用充沛的体力去投入紧张的工作中。

生活让每个人都拥有自己的幸福

> 请勇敢地昂首向天，上帝愿意看到每种生物都按自己的样子成长。

不知有多少人像生长在雏菊旁边的毛茛一样——毛茛对雏菊怀有强烈的妒忌，它总是希望自己能像雏菊一样长出更多的花瓣，还不无羡慕地说："雏菊真是又瘦又高！"

一只飞过的知更鸟在听到毛茛的叹息之后，对它说："喂！伙计！你不觉得你这种要做别人的想法非常可笑吗？请勇敢地昂首向天，满足于自己的所有吧！上帝愿意看到每种生物都按自己的样子成长。"

满肚子牢骚的人就好比音乐中的杂音，总给人分外刺耳的感觉。

若我们总是沉浸于自己的不幸与悲伤之中，心中充满了对世间的怨怼，便不可能有幸福感或满足感，因为消极的态度不可能产生积极的结果。什么样的思想造就什么样的人。我们的心态是我们思考的结果，而知足的心态才是正确思考的结果。

所以，当你感到不满与悲伤的时候，最好从自己身上找找原因，只需细细分析，你就会发现，问题都是出在自己身上的。如果你使用正确的方法去找寻幸福的话，那就一定能找到，正如你遵循数学法则进行演算，就一定能得到正确的结果一样。

很多人终其一生都在执着地追求着幸福，却始终无从找寻，历史上这样的例子实在太多了。但也有很多人没有深究这个问题，只是专注于自身的职责，为家庭与深爱之人提供保护，让他们的生活更为舒适、轻松。到最后，这些人会惊讶地发现，幸福来敲门了！

作家查尔斯·达德利·沃纳说："最为可悲的是，许多人将追求幸福误解成了追求财富，并且心中只有这个目标。若他们最后幸运地赚够了钱，就会发现，幸福已经越来越远，因为他们并没有培养出经营幸福的能力。"

我认识一个人，他已经在工作上取得了非凡的成就，却总是感到不满、不安，十分焦躁。他总是将自己与更有成就或更有钱的人相比。看到别人步伐更快、生活得更舒适或拥有更高的荣誉时，他就会恼怒不已。他总是处于自责中，觉得自己工作不够努力。尽管他总是过度地工作，根本没有花时间去培养友谊，没有享受过悠闲的社交生活，但他总想更加拼命。他紧盯着别人的成就，却对自己的成就熟视无睹。

他有一个很好的家庭，有一个优雅的妻子、一群聪慧的孩子，但他似乎根本没有察觉到这一点。他的双眼总是紧紧盯着远方，注视着别人的举动，却不会欣赏自己拥有的幸福。若能稍微变换一下角度，他完全可以让自己感到更幸福。

假如他每天能抽出几分钟，清空心中的羡慕与嫉妒，涤尽所有的欲念，试着感激自己拥有的，而不是总想着别人拥有的。假如他能为自己拥有快乐而和谐的家庭、美丽的妻子、一群茁壮成长的孩子而感到满足，那么，他就会感激上天的恩赐，会发现自己是世界上最幸福的人。这时，他就会处于一种相对快乐的状态中，拥有了欣赏生活的能力。别人所拥有的，对他而言，也会失去原来的吸引力。

苏格兰诗人罗伯特·彭斯对快乐人的定义是：拥有极少时仍然无比快乐的人就是快乐人。“满足于自己的所有吧，”这位传道者说，“知足为我们的幸福开辟了广阔的空间。”

许多人不去感受属于自己的欢乐，总是将眼光放在别人身上。殊不知，各种比较会将家庭的欢乐气氛破坏殆尽。看到邻居那如宫殿般的住宅、豪华的旅行车与游艇，再对比自己，他们满怀羡慕、嫉妒、恨。妒忌别人的人焉能享受快乐？不要总想着追求属于别人的东西，否则，自己那辆并不豪华的汽车只会让你如坐针毡。其实，生活让每个人都拥有自己的幸福。如果我们能珍惜自己拥有的，不一味羡慕别人拥有的，幸福就会来敲门了。

让快乐成为一辈子的习惯

> 认真地年轻，认真地老去。我相信，心灵是脸孔的雕刻师。

“上周六，一个年轻人死于二十五岁的高龄。”约翰·牛顿这样写道。

英国小说家、诗人乔治·梅瑞狄斯在庆祝自己七十四岁生日时说：“我并没有感觉自己变老了，无论是心灵还是智力。我仍然以一个年轻人的眼光看待生活和世界。”

不能单纯地通过外表判断一个人是否年老，你必须观察他的精神、气质、态度。我认识很多年过花甲的人，却仍然像一个地道的“年轻人”；我也认识一些年方三十的青年，却已是真正的“老年人”。年老，好似蔓延在腐朽房子里的大火一样，放肆地燃烧着青春。

活到人生兴味索然、精神蒙上岁月的灰尘、心灵趋于冷漠而麻木时，人就开始慢慢变老了。但是，只要我们还能触摸生活里点点滴滴的感动，精神上的炽热火焰就不会熄灭。

活着，但并未变老。大限将至时，仍有充沛的活力，能掂量早年信仰的深度，最后仍以坚定的信心安然沉睡，这难道不是人们艳羡的命运吗？

日落通常比日出更为华美与壮丽，年老自有其乐趣。若能好好地生活，回忆必将是美好的，甜美的满足感也会油然而生。还有什么比得上蓦然回首时，深觉自己一生没有虚度的满足呢？当岁月的游轮驶进年迈的港湾，在穿越过波涛汹涌的旅程之后，在我们的心灵深处，会有一种难得的平和、圆满与安然。

有人说："人越长寿，希望越多。"假若你能对沮丧视而不见，心中长存希望，以接受一切的心去面对各种困难，那么，岁月就很难在你的眉头刻上印迹。唯有生活快乐，长寿才有包票。

韶华会随水流逝，然而心灵深处的美与恬静却不会被冲淡，更不会随着岁月的衰老而褪去。年长之人应时刻保持沉稳与平和，年轻时的种种躁动与焦虑，此时该歇歇脚了。一种泰然的自在，一份沉静的思考，一番冷静的表达，应该是精神丰富之人的基本特征。

按年龄来划分年老与年轻，显然是有失偏颇的。事实上，人们应按照个人的心理状态、对待生活的态度、人生的志向、思想等来衡量。倘若有人始终能以年轻的心乐观地面对生活，时刻保持着希望与热情，那他就应被视为年轻人，而不应看他们的实际年龄。

长久以来，炼丹师一直苦苦寻觅着长生不老药，其实这些药一直存于我们的心中。炼制这些药的秘诀就是我们健康的生活态度和价值观念，因为一旦拥有这一切，我们就能时刻拥有饱满的青春活力，所谓的长生不老，也就是自然而然的事了。我们的想法往往与相貌有关，相由心生，思想与情感能够改变我们的容貌。

和谐的心绪有助于延年益寿。扰乱心灵的平静和谐，会导致一种摩擦，而这种摩擦会加速身体这台精密仪器的退化。鲜有人知道如何避免那些因环境带来的种种焦躁与压抑。

让心灵常驻阳光，满怀愉悦、乐观以及希望吧！让生活的种种美好、世界的巍峨壮丽、青春的璀璨梦想，以及年轻的气质环绕着我们，唯有如此，才能让我们在无情岁月的侵蚀之下青春依旧。

史蒂文森说：“让我们的心灵中始终充溢着勃发的朝气吧，让心灵四季常青。”

将寻乐与青春联系在一起，这是多大的一个误解啊！我们时常听到人这样说：“喔！让年轻人放浪形骸吧。人不风流枉少年。日后，他们自然会遇到各种烦恼。在阴云到来之前，让他们尽情欢乐吧。”然而事实是，一个沿着正常人生轨迹行走的人年老时体味的生活乐趣，远远比他弱冠之年时的丰富，那种乐趣也更美好，更强烈。

人到中年之后已是自己习惯的产物，似乎很难再生长出新的脑细胞，只能使用之前被开发的功能。

许多人之所以“谈老色变”，是因为年轻时没有为退休做准备。他们在生计上耗尽了所有的精力，但同时却毫无建树。老年人缺乏心理娱乐，这通常因为他们在早年没有打下某种基础。空虚的心灵易使人深感不安。

若年轻时没有养成阅读习惯，日后再想培养此种习惯，抑或铸就更高雅的阅读品味，就会十分艰难。很多人觉得，年老会让人感到极度无趣。

人若是早早地养成了良好的阅读习惯，时刻注重提升自己，博览群书，思考真理，感知艺术与美，观察社会并修正自己的看法，那么在年老时，他也能发现无限的生活乐趣。

PART

6

清楚自己要什么，就能抵御一切不安

很多人走在路上，
从妥协，到抗争，从怨愤，
到终于决定去爱自己，直到清楚自己人生目标的时候，
才找到自己的归宿，也才获得深远的平静。

幸福的正面是施予的美德

> 幸福的正面是施予的美德，反面则是索取的欲望。

一天，教授与一个家境富裕却以调皮捣蛋著称的学生一起外出散步。

途中，他们看到了小路上放着一双旧鞋，一看就知道，这鞋子是在附近田地劳作的某个穷人的，天色已晚，他差不多该收工回家了。

顽皮的学生扭头笑着对教授说：“先生，我们逗下这个人，肯定很好玩，把他的鞋藏起来，然后我们躲到灌木丛里，看他找不到鞋子会怎么样？”

“年轻人，”教授答道，“我们永远都不应该把自己的快乐建立在伤害别人的基础上。既然你想开玩笑，不如开另一个让你更快乐的玩笑。你给他的每只鞋里各放一枚硬币，然后躲起来，看看他有什么反应。”

学生照教授的吩咐做了，随后，他们俩躲进附近的灌木丛里。

不久，那个干完活的穷人，从田地里出来，来到了他放外套和鞋子的小路上。他一边穿外套，一边穿鞋，突然弯下腰来，看看是什么东西硌了他的脚，结果，他发现了一枚硬币。

他奇怪地凝视着那枚硬币，然后把鞋子翻了过来，看了又看，接着又看了看四周，但周围一个人影也没有。于是他把钱放进口袋，又去穿另一只鞋，当他发现另一枚硬币后，惊讶之余，是强烈的感动。他跪倒在地，仰望上苍，嘴里念叨着感恩之语，说自己患病无助的妻子和食不果腹的孩子将因为这些雪中送炭的慷慨救助，可以渡过难关，他感激上苍的仁慈。

学生站在那里，备受震动，眼中满是泪水。

“现在，”教授说道，“与你先前预谋的恶作剧相比，你难道没有感到更快乐吗？”

学生答道：“您给我上了一堂终生难忘的课。我现在终于领悟到这句话的真谛：给予比接受更幸福。”

在这个世界上，有些人习惯从善行中感受乐趣，而有些人则习惯从恶行中得到乐趣。但是，总有一天，从恶行里寻找乐趣的人，会为自己的堕落而深感羞愧。而那些从对不幸之人的帮助中获得真正的乐趣的人，则永远会喜欢善良、可爱、愿意帮助别人的自己。

我们时刻都想通过改善自己，让生活更舒适一点，获得的幸福更多一点，让未来更好一点。但是，真正的幸福并不单纯是神经系统的一次快感，不是吃喝玩乐带来的愉悦，也不是内心占有欲的满足，而是因为欣赏自己的高尚行为，认可自己的奉献精神而产生的自我认可感和满足感。每一个善良的想法、每一句真挚的话语，都能让人有幸福的体验。

有人说，幸福就像珍珠，每颗珍珠都有其自身的价值，很多的珍珠串在一起时，会成为更加光彩耀眼的项链。

请记住：即使到天涯海角，幸福都只能在你自己身上寻找。

人们遇到的最大难题是：我们寻找的幸福实际上并不存在于易逝的事物上。我们总觉得，在满足自身欲望或本能欲望之后，就可找到幸福，其实不然。

幸福在于施予，在于行动，而不是一味地索取。这虽是个欲望重重的社会，但是，无论金钱堆积得多高，都不会让你的快乐多一点。让人幸福、快乐、悲伤、痛苦的，更多的是内心的感知力，而不是外物的刺激。

幸福的正面是施予的美德，反面则是索取的欲望。

对那些为别人提供有益帮助的人、勇敢地投身于改善世界或者感染周围的人、笃实履行职责的人来说，幸福就是奖赏。

我们要有助人为乐之念，让世界因为自身的努力而变得更加美好。小小的善举、温存的话语、及时的援手、轻声的鼓励、无私的服务、兢兢业业的工作态度、真挚的友情、隽永的爱情……所有这些都是很简单的东西，但正是凭借这些，我们才得以去找寻并捕捉到了那无踪无影的幸福。

各种不同种族、信仰、教派的表象差异之下，世界其实有一种“合一性”，或叫“统一性”。倘若能真切感悟到这一点，将会消除所有种族仇恨与阶级对立的隔阂。我们深知，人类都是同种同源，血管中流淌着相同颜色的血液，有着同样的本质，共享着同一种博爱的精神。

就像美国小说家威廉·迪安·豪威尔斯说的：“活在世上，并非要戚戚于追求永不可及的个人的物质满足，而是要为全人类的幸福不断努力，才会让我们产生真正的幸福感，这是一个从个体到整体的成全。”

愿你有伟大的生活目标

> 在生活中，有很多事情要比一味地聚集财富更为重要。

曾经，我的上司看不起我，认为我一无是处，因为我没有像他那样住在热闹喧嚣的大城市里，没有像他那样有豪车大宅；我家人的衣着打扮没有他们那样好，我的孩子也与他的孩子相处不来。其实我们并不属于同一个圈子，因为我不会被邀请去参加委员会或董事会之类的会议，但在邻居的眼中，我的地位要比上司高上许多。人们认为他精明如鼠，好像时刻都在算计着别人。人们羡慕的只是他的金钱，而不是他本人，大家只是在他的财富面前忍气吞声。

在我眼中，聚集财富与完善人格是两个完全不同的概念。我一开始为甲先生工作——作为学徒的我，当时只有三美元周薪。几年之后，我就成为了主管技师。我相信，自己对工作的热忱要比上司更强烈。出色地完成工作能带给我巨大的乐趣，就像完美的作品会让艺术家心醉神迷一样。

我认为，在生活中，有很多事情要比一味地聚集财富更为重要。而我的上司是一位天生的金钱攫取者，他认为工作只是聚集财富的一种手段。

错误的目标，以及见不得别人比自己好的狭隘，都是难以产生幸福的。我们都鄙视不劳而获，也会为自己的不当获利而自责。

倘若有人践踏了人类所能忍受的道德底线，做了应该受到谴责的事情，那他又怎么幸福得起来呢？在做一件事情的时候，如果你没有充分考虑别人的感受，那么，事实上你也没有考虑自己的感受。如果连自己的良心这一关都过不了，更何谈幸福？

在犹太人中，流传着这样一个故事：一个吝啬的富翁去他的拉比——教会导师那儿乞求祝福。拉比让他站在窗前看外面的街道，然后问他看到了什么。富翁说："好多人。"拉比又把一面镜子放在他面前，问他看到了什么。富翁说："我自己。"拉比解释说："窗户和镜子都是玻璃做的，但镜子上镀了一层银子，所以，纯净的玻璃让我们能看到别人，而镀了银子的玻璃却只能让我们看到自己。"

很多人，的确被银子——金钱蒙蔽了自己的双眼。他们的眼中也只有金钱，为了金钱，他们可以抛弃简单、幸福与悲悯这类美好。

最伟大的生活目标应该是：尽自己所能，传播更多的美好与善良。

真正的富有超越了物质金钱，是不会被毁灭的，它不会流失于岁月长河中，也不会在某次意外中化为灰烬。

现在的人放任自己的心灵荒芜下去，单纯为了声色犬马的感官刺激，去堆积大量的物质财富，只能让自己日渐远离生活的本质。

其实，名车豪宅、巨额存款，这些身外之物，怎能满足一颗永恒灵魂的真正需求呢?

许多富人家中，找不到一本激励人心的书籍、一幅高雅的画作、一尊神圣的雕像或其他任何有价值的艺术品。

总之，在这些人的家中，除了俗气而昂贵的地毯、壁毯与豪华的装潢，找不到任何催人奋进或发人深省的东西，找不到能给人美的享受的东西。

与此相反，在许多穷人的家里，我们会发现催人奋发的精神力量，这些力量可以让人摆脱柔弱犹豫的心理。

在这里，我们发现，原来心灵可以向更高的天际飞翔。在这里，没有昂贵的画像与壁毯，也没有任何古董之类的玩意儿，更不会有一大堆毫无用处的装饰物，甚至连地毯都没有。但我们可以看到摆放得很整齐的书籍，一切的一切无不透露出主人的品德和修养。在精神层面上，我们可以感受到，充盈着美好与善良的陋室，有着许多豪宅所没有的魅力。

主人美好的灵魂、善良的心地与良好的修养，都是让陋室成为宫殿的重要原因。主人若没有美好的品质，任何奢华的宫殿都会显得寒碜、俗气、荒凉。

至于对成功与幸福，我有着不同的看法。有人觉得事业上的成就，就是在工作领域中能够胜出，或赚得越多越好。而我认为，成功就是幸福地生活着——不是为别人，而是为自己而活，直到在专业中不断进步，在人格的独立上获得成功。

最大的敌人隐藏在每个人的心中

> 既然你只有老鼠的神经，那无论如何，也没有办法让你变成更高级的动物。

很久以前，有位魔术师对家中那只时刻害怕猫的老鼠的神经质感到无奈，于是，他将老鼠变成了猫。但是，不久他又发现猫竟然怕起狗来。于是，他又将其变成了狗。但是，狗还是时刻在害怕想象中的老虎，无奈之下，又只好将狗变成了老虎。但是，故事到此还没结束，因为老虎时刻害怕猎人的捕杀。最后，倍感无趣的魔术师又将老虎变回了老鼠，无奈地说了一句："既然你只有老鼠的神经，那无论如何，也没有办法让你变成更高级的动物。"

许多人都无法摆脱恐惧感。

身处贫穷时，他们想象着，若是能拥有健康与金钱，恐惧感就会消失。他们时刻在幻想着，假如自己拥有了什么，所处的环境就不一样了，就能摆脱忧虑了。但当他们真正获得了这些的时候，恐惧感仍旧缠绕着他们，尽管是以不同的形式。

世上没有什么比恐惧与忧虑更能无情地扼杀幸福了。

恐惧是一个自古以来就存在的敌人，忧虑也是这个时代的一大毒瘤。它们是让人避之不及的诅咒。如果没有这两个幸福杀手，我们将能更加从容地去面对生活中的厄运与灾难。

我就认识这样一个人，他每天都被莫名的恐惧感困扰着。这种恐惧摧毁了他的事业，而且让他无法自然地表达自己，也无法做好任何事情。曾经，他也为此进行过持久的斗争，但直到最近，他才发现，其实自己可以换一种相反的心理暗示来克制恐惧。

自从他打败了这个幸福感的破坏者后，整个人的心理状态就发生了巨大的变化。他说，之前从未对自己有过如此深刻而全面的了解，也对自身潜能一无所知，但在摧毁了恐惧感之后，他获得了极大的提升与进步。之前那个腼腆、不敢担当的人，现在已经变成一个充满活力、充满自信的人了。现在，他一个月取得的成绩，比之前一年的还要多，可以说是事半功倍了。

恐惧扼杀希望，忧虑摧毁自信。这两者都让人无法集中精神，让人变得拖沓。它们是成功的天敌，毒害着我们的幸福。渔民在大海里遇到龙卷风的时候，不是掉转船头一味地逃跑，而是勇敢地迎向它，一直冲出去，才能死里逃生。

“当我们一嗅到恐惧与忧虑的气息时，就应该马上予以抵抗！”一位女作家如是说。

许多人总是莫名地害怕一些事情的发生，缺乏足够的勇气去面对生活，更别说享受其中的乐趣了。他们不敢与心理素质过硬或备受命运眷顾的人走在一起，他们害怕自己贫瘠的心灵与干瘪的口袋被人发现，他们丧失了从社交之中获取乐趣的能力。他们是懦夫，而懦夫是永远不会获得快乐的。

其实，最大的敌人隐藏在每个人的心中，隐藏在自己的想象中，隐藏在自己错误的人生观念中。

我们怎么可以让内心被恐惧所控制呢？我们应该成为自己的主人，而不是恐惧的奴隶，请扔掉自己莫名其妙的恐惧感，没有什么可以注定我们必然是懦夫。

生活最大的悲剧，就是没有活在当下

> 总想等赚够钱之后再如何，便是在消磨享受生活的能力。

曾有一位很能干的年轻人，立志要在前半生赚到一百万，好让后半生的自己无忧无虑地享受生活。为了达到这个目标，他决定放弃一切与目标无关的爱好，他强压着对艺术的热情，把对音乐的兴趣搁了下来。他觉得，等赚够钱之后，等自己功成名就之时，再搞搞自己喜欢的艺术创作也不晚。

但欲望总是没有止境的。当他赚到第一个百万的时候，欲望驱使他再去赚一百万。于是他决定再工作一段时间，等赚够两百万的时候，就开始做自己喜欢的事情。当他实现了两百万的目标之后，欲望又膨胀起来，驱使他不断去赚钱。

直到某天清晨，在一面镜子中看到自己的模样时，他才惊讶地发现，自己早已满头银发，皱纹也已深深地刻在额际，当年笔直的腰杆也已经弯曲。他不敢相信自己的眼睛，这是当年那个风华正茂、活力四射的自己吗？他很快发现，一直以来，自己在欲望的催动下，身不由己地往前走着，已然成了欲望的奴隶。此时，他终于下定决心，放弃这种追逐金钱的游戏，开始自己新的人生之旅。

但他发现自己失去了年轻时期的欣赏能力。旅游的时候，他惊讶地发现，年轻时会给自己带来无限欢乐的壮观的建筑、精妙的绘画以及雕塑，此时已经无法激荡起他内心的涟漪。接着，他想主动去接触朋友，找回当初的友谊。但他发现，自己在追求金钱的过程中，早已将友谊牺牲掉了。但他还不死心，他觉得，音乐是他当初的最爱，现在应该没有离自己远去吧！当他走进宽敞的音乐厅，一心想沉浸于美妙的音乐剧中时，他才发现，由于长时间的搁置，自己的音乐细胞早已枯死了。

他已然失去了享受人生的能力，一生累积起来的财富，对他而言成了一种讽刺。为了钱，他牺牲了青春、健康、友谊，泯灭了对艺术的鉴赏力。他就像一幢摩天大厦被大火烧光之后残留的废墟。除了金钱，他别无所有。

许多人像这个人一样，原本拥有造物者赐予的美好品质，这些品质，足以让所有人都欣赏他们。但是，他们的这些品质却在对金钱的痴迷中丢失了，他们的生活也因此被焚毁了。

而善于享受生活的人，懂得珍惜时间，知道怎样活得悠闲自在。他们会偶尔听听优美的音乐，欣赏一下让人陶醉的艺术品，或阅读一本有深意的书。悄无声息之中，他们已经在人生的道路上遥遥领先。他们不会让自私和贪婪占据心灵，他们努力让自己变得更有同情心。

朋友们，在人生的旅途中，获取快乐的唯一途径，就是抓住每个机会，享受当下。日复一日、年复一年地延迟享受生活，总是想等赚够钱或升职之后再尽情享受，这不仅是欺骗自己，也是在消磨日后享受生活的能力。

生活的最大悲剧，就是没有活在当下。我们可以猜想，这些人临终的时候，是否会遗憾地发出这样的感悟：当初应该过自己想过的生活，不应该总想着明天去做，而应该活出每一天的精彩。

与世界和解，拥有的快乐会更多

> 不用怀疑这个世界，没有人专门对你抱有敌意。

我们的说话方式，不仅事关自己的幸福，也和周围每个人的幸福有关。

扔一块骨头给狗，它一定会去抢骨头，但抢到之后只会夹着尾巴走开，不会有半点感激之情。但若以一种轻缓的语调呼唤它，让它从你的手中叼走骨头，它就会表现出感激之情来。

生活中的许多摩擦，都是我们说话的语调不好导致的。一个人说话的语调可以透露出他对别人的情感与态度。尖刻的语调，反映出的是恼怒与不真诚的态度，这无疑是让人反感的。所以，当你觉得自己血脉贲张、怒火中烧时，只需有意识地压低语调，就可以有效地缓解紧张情绪。

我们都知道，小孩子在做错事情之后，会不断愤怒地喊叫，这种喊叫真实地显示了他处于怒不可遏之中。他们叫得越欢，吵得越疯，说明他们越失去控制。

愤怒的语调会煽动满腔怒火，而低沉、舒缓的语调则能扑灭胸中的怒火。我们不喜欢这类人，就不要用那种人的方式说话。

如果一个家庭里的所有成员，都能做到说话时不提高嗓门，那就可以避免多少不和谐的争吵啊！如果一个母亲有急躁的习惯，那么，请试着在求知若渴的孩子面前，用富有亲和力、充满爱意的语调大声地朗读童话书籍吧！如果你已经结婚，何妨像在热恋时期一样，采取类似的方法取悦你的另一半呢？

讽刺、尖刻、怨恨与不满的语调不仅会导致家庭不和睦，也会影响事业的进展。

有些小人物，之所以时常被一些琐事激怒，是因为他们没有足够的能力掌控事态的发展。他们不能正确地处理周围的情况，不能保持平和的心境。易怒的性格充分暴露了他们的错误，这也决定了他们不能自在地活在当下。因此，这些人难以成为环境的“主人”，他们只能做情绪的“奴隶”。

有些人很容易动怒，或稍有抵触就怒气冲天。他们不明白，如果任由怒火肆无忌惮地蔓延，神经细胞就会被烧短路，这会损害脑部敏感的反应机制。

他们难以自控，像火药桶一样，随时都有爆炸的可能。要知道，没什么比愤怒时表现出的卑鄙与龌龊更让人讨厌了。怒发冲冠之时，理智将被扼杀，智慧也会羞于现身。你会丧失自己的判断能力，此时你的精神世界里只有混乱与无序。

我曾见到一个小孩在镜子前抓狂的样子。当他看到镜中的自己那可怕的样子时，十分羞愧，于是停止了哭泣。若你在怒火中烧、血脉贲张、神经系统将被撕得四分五裂时，能看看镜中的“野兽之影”，就会发现自己有多可怕。看上几回，你就再也不愿意展示这丑陋的一面了。

你可以试一下，用高亢的语调对一只狗说甜蜜的话，很可能会吓得它魂飞魄散。反之，就算你对它说的是恶毒的话，但用的是轻柔、舒缓的语调，狗依然会摇着尾巴，乖乖地来到你跟前。

不用怀疑这个世界，没有人专门对你抱有敌意。头脑中总有一部分处在我们意识雷达的盲区，那些看不见的自己，有时表现的只是更加直接和真实的担忧和恐惧。如果无意间再接触了有敌意的词，我们就更有可能把别人目的不明的行动，解释为有针对性的敌意；但很多时候，我们的猜测只是误解。

你是你的大脑的主人，你可以控制自己。

只要你试着与世界和解，拥有的快乐也会更多。

别让忧虑耗尽你的美好

> 人是一台灵性的机器，每个部件皆具有神奇的能量。

以前，很少有外物能让人们获得暂时的梦幻感觉。现在，刺激脆弱神经、堕落心灵的药物大行其道，因为人们无法从心底自然地产生幸福的感觉，所以只能依赖外物。

我们时常见到人们往酒吧里跑，他们多是为了寻求刺激。在俱乐部里，每个人手上总少不了一杯鸡尾酒，大多数时候，嘴上还都叼着香烟。

很多人总是通过刺激神经与大脑，来让自己获得愉悦的感觉。他们总想通过一些人为的途径来强迫自己快乐，直到精力消耗殆尽，疾病来袭，毫无抵抗力时才会消停。

烦忧与焦虑是酗酒的最重要的原因。任何能消灭烦忧，减轻焦虑，让心灵平和的事物，都是一颗饱受压抑的心灵最渴望的。

数以百万计的人喜欢到沙龙寻求刺激，他们认为这里至少可以暂时提升一下自己，让自己从烦恼的事情中解脱出来，这样可以带来更好的工作状态。但是，很少有人真正了解酒精、香烟、咖啡与药物带来的不良后果。他们不知道自己必须要为这些兴奋、刺激的感觉而付出的沉重代价。人们不知道，一瓶威士忌的功效是暂时让通往大脑的神经瘫痪，而这必然会伴随着一连串的生理反应与心理上的沮丧反应。

之所以说这些，都是为了强调一下，我们对快乐有着一种与生俱来的渴求，而恐惧与忧虑对人有着致命的影响。

为什么一些功成名就的人总是无法快乐起来呢？

因为他们没有从自身寻找原因。一个人总想着从身外寻求本应在心灵中才存在的东西，这是多么可笑啊！一旦人们依赖于外物的刺激，自身力量的源泉就会减少。他取掉接收器后，就难以从大自然的电流中接受力量了。人是一台灵性的机器，每个部件皆具有神奇的能量。只有当个人将信仰和真理的接收器与大自然的信号连接起来后，机器才能全速转动。

大自然创造了我们，要我们用心创造、用爱生活。只有在倾听大自然的心跳，与这种永恒力量相通的时候，我们才可以感到安静与平和。安宁的背后，我们要懂得守护的责任，我们要驱赶任何破坏永恒法则、破坏健康与幸福的敌人，让这些“盗贼”远离我们，不能让忧虑与不安像野兽一样吞噬我们，留下满目残骸。

和谐是一种正常的状态，正如美妙的音乐一样。

忧虑毒害着血液，影响着营养的吸收；不纯净的血液又反过来毒害思想，腐蚀心灵。一天的愁眉苦脸比忙活了一周还要耗人心血。烦忧让整个人坐立不安，有序的工作则让人感到愉悦。“记住，不要忧虑”，“保持乐观的心态，千万不要焦虑”，此类平常的医生之言，是在向病人发出这样的信息：忧虑所带来的伤害是难以估量的，它会损耗我们的健康，我们应将它视为诅咒！

许多诚实、善良而勤苦的人，在奔波的生活中常常感到痛苦不堪。让大自然的子女生活得那么艰辛，却感觉不到丝毫幸福，似乎与造物主的完美法则相悖。但这背后，又有多少人知道，正确生活才能让所有人都感到幸福呢？

英国一位著名的教授说：“晚上九点之后，绝不要去想任何不悦的事情，这已成为了我的人生准则。”

“忧虑让心灵抗压能力减弱，”某位著名牧师也说，“忧虑是一种疾病，没有任何道德可言；忧虑是一种精神上的短视，是一种纯粹的小题大做，是杞人忧天的行为。”

忧虑是一种理智错乱的表现。每天都需要服用药物来提升快感的人，实质上已经失去理智了。那些渴望幸福，却又沉浸于忧虑之中的人，心理无疑是失衡了，这与南辕北辙的故事是一样的道理。也还有一种人，他们待在地下室，却妄想看到天边的彩虹，这是多么可笑啊！总之，忧虑摧残着我们的力量，让我们听不到消极因素在身边的咆哮声！

忧虑者，你们可曾意识到，自己正在做一件极其愚蠢的事情？大脑的能量、创造力都是你的资本，你可以利用这些来规划自己的生活。但在每个不眠之夜，你却在忧虑着。时时刻刻的不安、焦虑、煎熬以及紧张的情绪，都在消耗着我们宝贵的精力。充满能量的大脑，强韧的神经都能帮助你解决一切让你困惑的事情，但是，许多人却挥霍着天生的优势，进行着无声的自杀。那些人让自己身旁人也一样感到不快，让自己的家庭充满不和谐的气氛。他们妄想身外之物给心灵带来平和、安慰与幸福，但这些都是很偶然的。将一生都倾注在一些概率很小的事物上，这种人生怎么值得去期待呢？

人生是一间童叟无欺的商店

> 人们往往为自己的所得付出了更为昂贵的代价。

我们时常看到，许多年轻人为了积攒钱财，像奴隶一样辛勤工作了很多年。他们为此推掉了任何可以欢乐与放松的机会，放弃了偶尔外出度假的机会，拒绝了参加音乐会或去剧院的机会，他们没时间到乡村逛一下，舍不得买一本自己向往已久的书。

他们总是这样自欺欺人：到了明年，生活就会变得更为轻松，也许就有时间去享受了。但当第二年来临的时候，他们又会想：还是再节衣缩食一段时间吧！于是，他们就这样不断希冀着明年，无视岁月的流逝。

这些人有个通病，他们总是寄希望于未来。他们口口声声说，儿女明年就要上大学去了，到时我就轻松了。但其实，这种凡事推迟的习惯，还是源于对金钱的渴望。终于，万事俱备，他们觉得，自己辛苦了大半生，可以享受一下了，于是就到国外走走看看，或听听音乐，或欣赏一下艺术品，抑或通过阅读与学习拓展一下自己的思维，但一切都为时已晚。他们已无可救药地陷入了以往岁月深深的轨迹里，对生活的新鲜感和热情已经消失无踪，享受能力也被摧毁殆尽。他们苦心孤诣得到的一切，反而泯灭了心中对欢乐与愉悦的渴望。

很多“奄奄一息”的人，为了名声、金钱，将健康、家庭毁掉了，将旅游的机会、阅读的机会、与朋友把酒言欢的机会全部换成了金钱。他们失去了生活中最有价值的东西，却还处心积虑地想着从别人的口袋中多掏出几个钱来。

对事物价值的错误判断是不幸福的主要原因，尤其是对金钱的价值的错误判断。人们为了金钱付出的代价实在让人惊骇。我们时常见到神情饥渴、面如死灰的人，口袋中装着大把的钞票。他们的确是很有钱，但是除了钱别无他物了。

《悭吝人》里的阿巴贡，把金钱当成人生追求的理想目标。为了省钱，他不仅对仆人及家人十分苛刻，甚至自己也常常饿着肚子上床，以致半夜饿得睡不着觉，便去马棚偷吃荞麦。为了获得更多的钱，他执意让儿子娶有钱的寡妇，让女人嫁给有钱的老头子。当埋在花园里的钱被人拿走后，他更是呼天抢地、痛不欲生：“你一被抢走，我的依靠、我的安慰、我的快乐就全都没有了，就算是整个完蛋了，我还活在世上干什么啊？没有你，我简直活不了啦。全完了，我实在受不了啦。我要死，我要死啦，我已经入土了！”

可以说，阿巴贡的一生是悲哀的。因为除了钱，他什么也没有了。亲情、道德、善良、爱心等这些东西全都被他抛弃了。朋友们啊，你们是否知道，在追逐金钱的过程中，在你沾沾自喜的时候，你失去了更为宝贵的东西?

人生是一间童叟无欺的商店。只要以一个相应的价格作为交换，它便会让你获取你想要的，但人们往往为自己的所得付出了更为昂贵的代价！

家为何会伤人

> 永远都不要让阳光在愤怒之中落山。

男人在一段浪漫的追求之后，将一个原本快乐、漂亮、善良且充满活力的女人娶过门。之后，却让她的精神备受打击，用冷漠、自私去对待她的爱意，摧毁她的幸福，这难道不是一种令人发指的行为吗？在女人的生活中，还有什么比亲眼看到美好婚姻或幸福的生活被其爱人以冷漠、无情击碎而更让人感到失落的？

妒忌与猜疑毒害着家庭的和睦，在紧张的环境中，不可能存在真正的欢乐。年轻夫妇从一开始就应下定决心，永远都不要让阳光在愤怒之中落山。恋人们时常认为，他们的生活不会出现什么争吵。事实上，许多夫妻都会有争执。但只要他们遵守一个原则：吵架不能过夜，那么，小小的争吵瞬间就过去了。若是有什么心态失衡，也要在睡觉之前化解掉。若是说了一些伤害对方的话语，必须要坦诚沟通，请求对方谅解——这必须在他们的头触到枕头之前做到。

有人说：“我们太容易就觉得自己被伤害了。”很多夫妻在讨论一些无关紧要的问题时，常常发生口角。丈夫出门时，忘记了给妻子一个吻，会让她整天闷闷不乐。

这是何苦呢？丈夫难道忘记了妻子就是自己当年日思夜想的天使，而妻子也忘记了丈夫就是当年自己眼中的白马王子吗？为了一些鸡毛蒜皮的小事恶语相向，琐屑的小事真的值得我们浪费掉一天欢乐的心情吗？多么无趣啊！只消停下来想一想，就会为自己感到羞愧，就会希望寻求对方的原谅。我们应该主动去创造阳光，而不是为一些小事耿耿于怀。

一年三百六十五天，妻子每天都在忙活，做着家庭的清洁工作，缝补衣服或照顾孩子等家务——这些工作的无聊与单调都是极易让人衰老的。

我的邻居布朗女士时常处于沮丧之中，这都是布朗先生害的，因为他总是一味地责备她。尽管我认为布朗先生并非恶意，他待人总是这么严格，但这却让人感到极为痛苦。什么事情搞砸了，他都会觉得是妻子故意做的。

想象一下，布朗女士作为六个孩子的母亲，每天都要熬夜缝纫、洗衣、搞清洁——这些都要她一人独立去完成，为此，她得默默地忍受很多难以言说的苦楚！试问一下，一个男人在如此单调的环境中能忍受多久？

她整天待在小公寓里，生活得那么孤寂，没有明丽的色彩。试问，谁能在这样的环境下欢乐起来呢？

很少有男人知道，自己正是让女人凋谢、容貌尽失与郁郁寡欢的罪魁祸首。她从早到晚像奴隶一样工作着，为整个家庭忙里忙外。虽然这些都是妻子愿意为丈夫去做的，但这绝不代表她非得要以自己的健康与容貌为代价，并且失去对生活的热情不可。单调与繁重的家务让女人憔悴，让她们愤怒，让她们的心灵日渐枯萎。在如此悲苦的心境中，你让她如何为孩子、到访的客人营造愉悦的家庭氛围呢？

恶魔就在自己的心中

> 只需转变自身的思维与心理态度，就可轻易地缓解恐惧感。

据统计，大约有五千多种不同形式的恐惧。这些见不得光的心魔，甚至在人头攒动中也会露出狰狞面目。许多人在本应快乐的时候，也总感觉会有不祥的事情发生。

我曾从书上看到过这样一个故事。有位老妇人吃面包时以为吞进了一根别针，吓得大叫大嚷，恐惧不安，仿佛真有别针卡在喉咙口，感到疼痛难忍。医生为她检查后，发现她的喉咙并无异样。老妇人不信，仍是嚷着喉咙疼。医生思索了下，判断这纯粹是老妇人产生的恐惧幻觉，不过是一块面包经过喉咙时戳了一下，于是就让她呕吐，然后在她的呕吐物里悄悄扔进一枚别针。那老妇人以为别针吐出来了，顿时感觉不痛苦了。

其实，在生活中，我们身边有很多像这老妇人这样的人，总被莫名的恐惧困扰，他们很难享受到快乐。这种恐惧病，不知让多少人的幸福蒙上了厚厚的阴影。他们总感觉某些可怕的疾病因子正在体内蔓延，这种无时无刻不在的焦虑影响了营养的吸收，导致了身体的抵抗力下降，很容易诱发某些疾病。恐惧还会改变血液的流向，扰乱内分泌，导致循环不畅，神经迟钝。生活在恐惧气氛中的孩子，也难以顺其自然地发育成长，他们的血管将发育不全，血液流速将减慢，原本强烈的心跳也会变缓。因此可见，在恐惧这个恶魔的影响下，生命的源泉在干枯。

虽然已有了几个世纪的经验与启蒙教育，很多人还是没有认识到，恐惧完全是想象出来的，恶魔就在自己的心中。人们任由它们去折磨自己，却没有采取行动阻止这些幸福的敌人，这难道不是件很奇怪的事吗？其实破解的方法很简单，我们只需转变自身的思维与心理态度，就可轻易地缓解恐惧感。

回首自己的生活，你就会发现，恐惧会让你未老先衰，让你的额头爬满皱纹，让你矫健的步伐失去稳重，让你的双颊失去红晕，让快乐离你远去。可惜的是，你还没意识到，恐惧压根就是不存在的玩意儿。

在现实生活中，恐惧感没有任何存在的证据，它完全是一种心理产物，一种妖魔化的想象。现实中并不存在的东西，却让人类一直以来都深受折磨，这确实是一个值得深思的问题。

一位医生最近跟我说，恐惧就如勇气一样，是正常的存在。对于这样的说法，我不敢苟同。这就好比说失调也是和谐的一种表现形式一样，这可让我不能接受。造物者从未创造任何压抑或摧毁平和与幸福的东西，我们要坚信这一点。

几个世纪以来，社会都在传递着一种关于死亡的错误观点。这无疑会让恐惧在人类脑海中迅速扎根。其实，死亡与出生一样，都是极为正常而自然的事。死亡与化蛹成蝶一样，只不过是一种更高级的释放过程而已。

许多人对死亡存有深深的恐惧感，他们似乎一直在为死亡做准备，不知自己会存活多久。他们一想到死亡就四肢发抖，根本无法享受生活。但时刻生活在死亡的阴影中是极其有害的，感觉就像你正在欣赏优美的风光，突然不知从哪里冒出一具骸骨来一样。

时刻忧心于死亡的恐惧，会让人思想瘫痪，无从享受生活的乐趣。如果你也这样，那就不要奢望可以活出精彩了。

我认识一些人，他们中年之后，就开始为自己的人生终点做准备，他们早早立下遗嘱，把一切身后事安排妥当。他们总是想到死亡，仿佛他们的心中一直悬挂着死亡的画像。

一颗伟大的心灵，能在快乐中沉着自如，在任何环境中，都能有一种绝对的安全感。人们要相信，是充满智慧的造物者让我们远离了陆地与海洋的一切灾难，我们要坚守这样的信念，这是所有伟大生活的脊梁。人们要笃信，无论在什么情形下，心中闪耀着的人性的光辉都会支撑着我们，这样，我们才能获得心灵的平衡和心态的坦然。

努力让家成为世界上最快乐的地方

> 请在回家时换一张笑脸吧！因为疲倦与压抑是难以获得快乐回应的。

一般来说，男人的工作丰富多彩，而且有一定弹性，可以获得精神上的愉悦。但对于女人来说，工作却是一项单调、沉闷、痛苦与无趣的“苦役”。

许多男人一回到家里，就暴躁起来，满腹牢骚，只因他们觉得妻子并不如想象中那么有活力，那么乐观。但在一天繁忙的工作之后，她又能怎样呢？作为丈夫，他有做过什么让她更加愉快的事吗？在过去一年中，他有带妻子外出旅行或吃顿晚饭吗？上次他带妻子出去旅游又是多少年前的事了？他有多久没有送给她一束鲜花、一本书或其他的小礼物，告诉她自己是多么深爱着她了？他是否可以放弃一些社交活动，待在家里帮助妻子照顾小孩，给家庭带来更多欢笑？

晚上，每个家庭成员都在耗得筋疲力尽时才聚在一起。孩子在学校上课或玩耍了一天，都累坏了。父亲这一天在办公室、商店或工厂里，可能诸事不顺，可能因员工的粗心大意而生自己的气，而他的同事也可能因为家庭的争执而心情不佳。商场日益激烈的竞争，经济的拮据……都是他在白天要忧虑的，这些因素也导致了他在晚上没有心情去为营造一个温馨的家庭氛围而努力。

除此之外，丈夫在家中也没有在工作中的克制力。白天工作时，因为许多双眼睛盯着，他至少为了能让自己显得体面点而控制着自己，自我感觉与虚荣心让他不想成为别人眼中的笑话。但回家之后，他会想着，都在自己家里了，为什么还要克制，为什么不做自己想做的事情呢？这样的想法让他将家庭当成了自己的出气筒，这自然会让每个成员都感到不快。

他带回来的，只是白天的情绪、紧绷的神经与下降的身体机能，这是极其短视的做法。

许多人留给家庭的，只是心灵的碎屑，他将所有精力都用在了工作上。回到家里时，他神色难看，还奇怪孩子为什么要躲着自己？为什么不跑到自己的身旁，伸出双臂，拥抱自己？

因为孩子们知道，这样一个父亲回到家时，一天的欢乐时光也就接近尾声了。他们在父亲那张拉长的疲倦的脸上看不到任何有趣的或有吸引力的东西。同时，他的脚步拖沓而又沉重，没有一丝的快乐。

他们知道，父亲已经没有精力与他们在地板上或草地上自由自在地玩耍了。他们知道自己必须保持安静，要不就赶紧上床睡觉，不然会被赶到外面。

即使你忙了一天，无比疲倦，但是也可以让晚餐成为每个家庭成员都向往的时刻，成为积极有趣的谈话时刻。让孩子们在饭桌上心情愉悦地说出心中最感兴趣的事情吧！若多数人都能做到的话，美国家庭生活的现状将产生巨大的改变。

很多家庭会在饭桌上讲一些有趣而滑稽的故事，这已经成为一种惯例。在这样的家庭里，就餐成为了一种真正的乐趣所在。在家庭成员中，甚至还有比赛，看看谁能讲出最让人感兴趣的事情或最好的故事来。在这样的环境下，不会存在消化不良症或没完没了的唠叨症。

晚餐之后，让大家开心应该成为一种规律。

假期中，让自己的出现成为孩子们快乐的象征和保障，努力让自己的家庭成为世界上最快乐的地方——和睦，充满快乐，让孩子晚上愿意待在家中，而不是在外面徘徊。

不要因为一时的小噪音、小摩擦而去责怪孩子，对家人报以最宽容的笑容，你也可以感觉到家庭的暖意。

大人们也曾有不少这样的回忆——小时候为了几件小玩意而被家长批评和压制的时候，那是多么委屈啊！

很多人一般都在白天将最旺盛的精力消耗了，回家之后只剩下仅存的一点力气。然后，他还会感到奇怪，为什么妻子不像以前那么美丽了，不像以前那么善解人意了。

他看不到妻子因为自己的冷漠而枯萎的可悲，他期望妻子能展现出恋爱时的美丽与可亲来，但他却不想想，自己那时展现给她的，也是最美好的一面。请在回家时换一张笑脸吧！因为疲倦与压抑是难以获得快乐的回应的，只会让家庭变得兴味索然，让伴侣失去温情，让欢乐烟消云散。

PART

7

你可以习惯为别人付出，但至少别忘了为自己而活

无论如何，我都要为自己而活，
不拿别人的眼光伤害自己的心灵。
对那些不爱我的人所犯的错，
我不会拿来惩罚自己，因为这不值得。

我不愿把时光荒废在等待上

> 幸福的真谛就是学会享受当下，活出精彩的每一天。

威尔斯是英国的一个风光旖旎的临海小镇，海岸有金色的沙滩，沙滩上有美丽的露天市场，许多渔民在露天市场上卖鱼。随着旅游业的日益红火，得天独厚的自然条件让渔民们富裕了起来。

但渔民却有一个大麻烦：当地有很多海鸥，渔民们一摆好摊，拿出从海里捕捞的新鲜海货，率先吸引来的“顾客”便是它们。一只只海鸥像箭一样俯冲下来，迅捷地叼走了这些海货……终于，渔民们忍无可忍，想尽一切办法驱赶海鸥。因此，美丽的沙滩上，偶尔会有海鸥的血迹或尸体。

但有一位名叫亨特的渔民却很特别，无论海鸥叼走多少鱼，他都不会动怒，有时甚至会抓起一把鱼欢呼着抛向空中，引得那些可爱的海鸥相互争食。于是，亨特成了渔民取笑的对象。

没过多久，对海鸥的无情驱赶终于有了收效。但渔民们却意外地发现，他们的生意也每况愈下了——原来，让游客闻名而来的正是当地小有名气的海鸥群。海鸥少了，游客自然也少了。而与此同时，亨特的生意却异常火爆。因为有贪嘴的海鸥来捧场，亨特的鱼摊在威尔斯声名大噪。附近的孩子和外地的游客，都会闻名而来，聚集在他的摊位旁边，一边挑选海货，一边等着抓拍海鸥吃鱼的画面。一个看似疯狂的举动，让亨特赢得了意外的回报——这其实是一种偶然背后的必然。

这个故事是很多人的真实写照。他们总是放弃本来可以产生的美好，因为总是幻想更好的，而被贪欲蒙蔽了双眼，以至于当下任何一点表面的、浮浅的利益，都是他们最在乎的。

还有一个掰玉米的故事：

安娜要穿过一片玉米地，但不能回头，她要挑选一根最大最成熟的玉米，这样就可以获得一种稀世珍宝，这个珍宝的大小与所选玉米的大小及成熟度成正比。她穿过玉米地时，看到了很多值得采摘的大玉米，但她总想找一根更大更完美的。所以，她毫不理会身边的玉米，一心想着，前方的应该会更大。直到她来到玉米地的最后一角时，才发现那里的玉米都很小，她又不屑于摘这些玉米，最后只能两手空空地走出了玉米地。

学会辩证地看待问题，不要因为贪图某些利益，而放弃了真正能得到的成就。

反过来讲，即使得到了利益，你就会真的拥有快乐吗？

很多人一旦从长年忙碌的工作中退休，或突然拥有了一大笔钱，就变得再也无法轻易开心了。因为他们发现，自己除了花钱，其他的什么也不会。

他去看戏剧，会感到十分无聊。他去听音乐，而他的音乐细胞本来并不发达，无法真正享受音乐。他去参观艺术名画，并在那里待上一两个小时，会感到烦闷不堪，因为看不懂画的内涵。一辈子都在生活的琐碎里打滚，没有时间去培养艺术鉴赏力，这样的人即使去旅行，也不过是漫无目的的从一个地方辗转到另一个地方。这个过程还没有住在家里舒适呢！

可见，拥有物质并不能保证你拥有幸福，而幸福的真谛就是学会享受当下，活出精彩的每一天。

一心等着准备周全后才去享受幸福，是不划算的事，因为谁也不能肯定一定会有明天。某位作家说："我宁愿立即去追逐一只美丽的蝴蝶，或在云破月来的晚上用瓶子收集月光，也不愿把时光荒废在等待上。"请随时随地找到幸福，生活的本义绝不是让某一部分时光充满欢乐，却让另一部分时光充斥着悲伤与烦恼。

通往快乐的途径是过好每一天，欣慰每一种得到。学生为艰深的功课而冥思苦想的时候，学徒为琐事而奔波打杂的时候，商人不分时间赚钱的时候……他们都可以感到这是一个幸福的过程。人生就是这样一个过程，如果不享受沿途的美好，人生就失去了意义。

一辈子说长不长，不要只等什么明天

> 快乐的本色是你区别于哀愁之人的亮点。

其实，昨日已成定局，而每一个明日也都有特有的烦忧与喜怒。所以我们无须烦心昨日，也无须忧虑明日，因为明日实现的可能性并不比昨天更高。

你今天埋头于一些寻常之事，不竭力把握机会，又怎能奢望在明天能做出惊天动地的伟业来？就算你感觉今天的生活单调沉寂，难道明天就能突然变得浪漫而有诗意？

如果你今天烦躁、自私、吝啬而忧郁，那又怎能渴望在某一天的某个时刻，忽然变得心平气和、自在快乐起来呢？如果你今天忙得无法停歇，又何以能期望在遥远未来的某个时刻，从百忙中抽出时间，专心地给朋友写封信，或安慰那些饱受疾病折磨的人呢？至于提升自我、拓展视野，就更不要提了。你必须明白地回答自己，你昨天和今天都做不了的事情，凭什么明天就能做得到呢？

难道明天有魔法，能够改变今天的面貌？既然今天都如此吝啬，凭什么认为明天会慷慨呢？你怎能相信在未来的某个时刻，自己会去收拾家中一些没有用的物品，然后把这些衣服、书籍、图画以及其他物品打包，成箱地馈赠给他人呢？即使你清楚地知道，对于比你穷苦的人而言，这东西是十分珍贵的，但是你真的就会在下周或下个月寄给别人吗？既然昨天你没有这样做，为什么还要欺骗自己，觉得在未来会做呢？

其实，许多人并非吝啬，只是根本没有想过别人的需求。他们其实可以为别人开启一扇通往美好未来的门，比如将藏于地下室或阁楼里的东西赠予穷苦的人家，只是各种原因让他们没有发现别人的需要及其迫切性。

今天就走上阁楼，翻一下家里的整理箱，看看哪些是自己不需要的，哪些是可以赠予别人的。事实上，只要能翻出自己不再穿的旧衣服，大多数人都会大方地赠予别人。你可以从施予行为中感受到一份慰藉与快乐。而且，即使是小小的馈赠，但对于失业的穷苦女孩或无钱购买衣服的人而言，也是雪中送炭。不要想着自己日后还需要这些，因为你总有一天会发现，这些物件变得一点儿用都没有。这些物件已经服务过你了，就让它们带着你的善意，去服务别人，让它们成为充满爱意的快乐信使吧。

何愁明日愁？事实上，对明日的忧愁不具有任何现实意义。相反，任何烦忧、际遇都不应掠走心灵的宁静。提醒自己一声：任它雨打风吹，我自岿然不动！

快乐的本色是你区别于哀愁之人的亮点。全身心地拥抱今天，珍惜每一分、每一秒，今天将是人生中最充实的一天。只要你不让快乐的天敌捣毁自己的心境，谁也不能打乱你美丽的心情。

别人的眼光与我无关

> 不能放下虚荣之心，就只能成为欲望的奴隶。

你是否曾为买一个奢侈品而整月吃着黑面包？

你是否曾吹嘘自己的交际能力，然后狼狈地彻夜去排队买票，以证明你确实认识某位大明星？

你是否为了体面去买了一幢大房子，背上一大笔贷款，成为银行的打工仔？

醒醒吧，我们的虚荣心！

即使收入微薄，我们仍可享受家庭的温馨。但虚荣心会毁了这一切。如果你一心想维持一个富有的表面形象，花销必然是高昂的。

不久前，一位寡妇在纽约的房子，还有其他家财在拍卖会上被售卖了。后来，人们知道了事情的原委：这位野心勃勃的母亲为了让女儿嫁入豪门，不惜一切代价去维持表面的形象，导致负债累累，不得不以房子作为抵押。人们发现，她欠了花店、酒席承办者、裁缝师以及干货店很多钱。在很长的一段时间里，她都入不敷出，却死死地维持着表面的光鲜。所有这些，都是为了提升生活档次，让自己的女儿能嫁入豪门。

其实，这个家庭的收入算中等水平，日子过得也还舒心，但一切幸福都因这位母亲的错误观念而被毁掉了。近万美元都挥霍在买帽子、衣服、昂贵的丝带以及各种饰物上。她觉得，只要这样，自己的女儿就能和其他年轻女孩一样光彩照人了。但她却忽视了一点，人家都是出身名门，家境殷实。

现在，这位可怜的母亲无家可归，女儿也没有找到自己的如意郎君。正是这种不切实际的妄想，给这个家庭带来了灾难性的后果。

人们为什么要用这样的欲望之火来烧毁原本幸福的生活呢？为了维持表面形象而拼命挣扎，结果当然只能让自己成为欲望的奴隶了。

在大城市里，人们不知道什么是真正的乐趣，不知道什么是真正的生活。真正能享受快乐的人，反倒是住在小城镇上的一些人，他们对人生有些追求，却没有对金钱的贪婪和欲望。

不要活在别人的眼光里，但对有的人来说，别人的眼光甚至比他们自己的感受更重要。

我认识两对住在纽约的年轻夫妇，他们的生活很凄凉。因为无法进入所谓的上流社会，无法如他们羡慕的人那样衣着光鲜，无法给别人留下一些所谓的好印象，他们郁郁寡欢，总是处于忧愁之中。他们觉得，必须要为光鲜的表面做出最大的努力才行。事实上，他们已经变成别人想法的奴隶。

让我们感到不愉快的往往并非缺乏舒适与奢华，而是让自己产生妒忌和艳羡的错误人生标准。

活在别人的眼光之中，没有半点自由，只有痛苦的折磨，想想都让人感到无趣而难受。全盘接受别人的看法，只会让自己成为傻子，我们都明白这一点，但我们还是费尽心思、殚精竭虑地想达到所谓上流社会的标准，让别人看到自己光鲜亮丽的一面。

别人的眼光让你欢喜让你忧，让你的内心苦苦挣扎，这都是我们为了维持表面形象而付出的代价。

现如今，有太多人在想方设法地维持虚假的美好表象，这是这个时代的一大悲剧。这种行为导致的债务问题是所有不幸的最大来源，对年轻的夫妻而言，更是如此。

在诸如纽约这样的大城市里，许多人认为自己一文不值。他们没有足够的经济实力去维持自己在教育、礼仪、修养上的虚假表象，无法进入一些适合自身品味的圈子，也不屑于与一些被他们称为“庸俗与缺乏教养的人群”为伍。他们感觉自己在这个城市的地位很尴尬。

在我认识的定居纽约的人中，许多人因为自己所处的环境而深感痛苦。我记得有一位职员，他的收入很低，但他与妻子都很有修养，很有品位。他们微薄的收入难以维持富人区的日常生活，因此，他们不得不省吃俭用，以求住在富人区的附近。他们几乎没有钱去添置日用品，更别说去进行什么休闲活动了。

很多人会有这样的观念，认为人生的最大成功就是能够奢华地生活，而赚不了大钱就是一种耻辱。但他们最后又能获得什么呢？太多的欲念、暴饮暴食、酗酒与消沉，凡此种种，造成的只是一个羸弱的身体。

还有一种人，因为错误的生活方式与过度的超时工作，感受不到人生的乐趣。这些人通常在日常的预算上十分吝啬。他们总是斥责生活中哪怕一丁点儿的浪费，他们时刻提醒每个人，不让他们有额外的花销，这让家中的每个人都过得很拮据，苦不堪言。

就这样，很多不必要的事情给我们添加了沉重的心理负担，让我们错过了幸福。

现实中，任何人都无法完全免除内心的忧虑、悲伤或失望，但是我们应下定决心，不让这些东西打扰内心的平静，破坏幸福的生活。

表面的拥有并不决定你的价值，若是没有快乐，生活便不能称为富足。要想得到真正的快乐，首先要认清自我，要知道我们每个人都是这世上独一无二的存在，是任何物质都换不来的珍宝。

你要对自己的人生负责

> 看不到实现理想的希望，是人生一种难以言喻的悲伤。

我认为，每个人都有责任不断地提升自己的人生。在追求理想的道路上，只要我们不放弃前行，哪怕只是朝着目标近了一小步，也能带来莫大的满足感。

有一位积极向上、为人热情而且满怀理想的女孩，她才华横溢，并且对音乐充满了热情。嫁给了一个商人之后，她整天窝在家里。丈夫深爱着她，但对她的特殊才华没有半点认识或欣赏，甚至对此一点儿兴趣都没有。

一段时间之后，她的才华就开始消失了，整个人也因压抑而沉郁起来。丈夫觉得妻子的生活可能需要一些变化，于是就带她出国旅游，让她住更豪华的房子。他所做的一切，都是为了让她恢复原来的乐观与美丽，但没有获得理想的效果。

在她的内心中，有一种很强烈的渴求一直没有得到满足。她的才华处于一种渴望得到发挥的状态，这是多少金钱或任何优越的生活环境都不能满足的。她逐渐变得郁郁寡欢，在叹息中焦灼着，而天赋由于长时间的荒废也慢慢凋谢了。

我们时常可以见到，一些年轻的生命因为无法发挥天赋而过早地凋谢了。他们对生活没有特别强烈的热情，对其他事情也提不起兴趣。生活总是让他们感到失望。

为什么会这样呢?

一个人如果无法实现自己的理想，可能是由很多种原因造成的，但主要是因为他们无法找到适合的位置，无法到达理想的彼岸。这种失落的情感是可想而知的，他们会逐渐变得冷漠麻木，并且满腹牢骚。

女人天生善于隐藏自己的悲伤，掩盖失望的情绪。但这些深埋于心底的情感却能让她们终身痛苦——理想破灭时，终生都会处于极度的痛苦之中，各种可怕的悲剧痛苦地折磨人们的心灵。

这些人难道不想去实现自己的理想吗？只因为他们生于贫苦之家，只因为他们身体有些缺陷，或许还有一些其他难以启齿的原因，为了生存，他们只能去做一些自己厌恶的工作。他们有逃脱的可能性吗？他们就像困在牢笼内的老鹰一样，不时击打着铁笼，原本应该翱翔在蓝天，现在只能挣扎于牢笼。

很多人可能因为环境的限制，无法施展自己的才华，他们内心遭受着巨大痛苦的煎熬。若还有什么让人觉得可悲的，就是这些郁郁不得志之人遭受的折磨了。

很多人都深切感受到，追求一种永远也难以企及的东西，确实是一个痛苦的过程。看不到实现理想的希望，是人生一种难以言喻的悲伤。如果我们做的是自己喜欢的事情，就不会觉得痛苦了。

默默忍受自己必须要做的事情，需要一种英雄般的品质。用耐心去忍受，用忠诚去工作，当心灵不忠实于理想时，理想之花就开始枯萎了，希望的曙光也会逐渐暗淡。

我们希冀自由，想要登高望远，但却因一些不得不面对的现实，或沉重的负担而虚度生命，使雄心壮志都泯灭成灰。

除了对往事的悔恨之外，没有比理想被扼杀、希望被毁灭或愿望被击碎更让人痛苦的了。

我们有天赋去做某项工作，却碍于环境所限不能实现，只能年复一年做一些不适合的工作。善良的人们感觉自己无从表达心中的渴望，只能郁结于心，浑浑噩噩地过日子。

无论如何，我们不能忘记，要为我们所爱之人提供一张笑脸与一份希望。我们隐约感觉到，自己可能永远也无法实现一些事情了。这种遗憾让人感伤，现实和理想的距离，对于所有人来说，都是一个不大不小的考验。

我们可以不分青红皂白地指责那些不像我们一样出人头地的人。但相比于我们，他们可能才是真正的英雄。我们永远也不知道他们内心忍受着多大的伤痛，失落的理想与破碎的希望让多少人抱憾终生！除了内心尚存的责任感，没有什么能弥补未竟理想的苦楚。

但是，我们是否在某种程度上也该为自己承担责任呢？倘若我们保持心灵的活力，坚守理想，最伟大的胜利就是我们浴火之后的重生。

永远都不要成为工作的奴隶

> 他们工作只是为了乐趣，所以，他们会永远向上攀登。

不久前，我收到一位在业界崭露头角的年轻律师的来信，他说自己深受神经衰弱之苦。刚开始工作的时候，他有着一副强健的体魄，但他急于为自己的才华正名，于是，没日没夜地工作，每天的工作超过15个小时，这种不正确的作息严重损害了自己的健康。

他怀着许多人都有的错误观念，认为人在一天之中可以长时间地工作，能年复一年地坚持超时工作，那么，他们就比工作时间少或经常度假的人，更有工作量上的优势。他认为自己不能将时间浪费在乡村旅行上，甚至舍不得在偶尔一两天的休息中出去打一下高尔夫球。正如其他年轻的律师那样，当别人都在玩耍的时候，他却在努力为自己正名。所以，他不断从健康账户中透支健康，现在，他的身体终于垮了。

这使他在本应去做最重要的事情的时候，在做事最具有成效的时候，在身体精力最旺盛的时候，在创造力本该迸发的时候，却因心理承受力的崩溃，不得不放弃自己的职业了。如果情况再糟一点的话，这一别或许就是永别。

人永远都不应该为了生活而成为工作的奴隶，不应该一下子透支掉自己全部的精力。人们最终会认识到，我们可以提高效率，在更短的时间里做完更多的工作。只工作，不休息，聪明人也会变笨。事实上，人类拥有的强烈的爱玩天性表明：我们应该在工作中寻求到足够的乐趣。

巴菲特在一次公司年报上，嘲笑那些失败者："他们总是在原来的输钱方法还有效时，迫不及待地发明新的赔钱术。而我们投资的那些公司，有一条值得信赖的理由是：那些CEO（首习执行官）往往不缺钱用，他们工作只是为了乐趣，所以，他们会永远向上攀登。"

但是，很多公司的员工每天却被强制着进行超时工作，因为他们的雇主并不知道，只有员工有清醒的大脑与强健的体魄，才能高效地进行工作。无论是多么强壮的身体，大脑细胞与我们的其他功能一样，工作时就像被调紧的琴弦，时间久了也会失去弹性、紧度与韧性。

若在工作后紧绷的大脑不能得到放松，它就无法自发地释放旺盛的创造力。过度用脑的人，必定在生活中缺乏乐趣，这些人通常在事业的早期就变得迟钝起来，同时，因为心灵缺乏滋养与刺激而逐渐萎缩、干涸。他们自己摧毁了自己追寻幸福的能力。对于体力劳动者而言，最需要的是规律的休息，而对脑力劳动者来说，没有什么比接触新颖的观点更为有益了。我们到处都能看见一些过早挥霍生命的人，他们变得既迟钝又无趣，因为他们工作太多了，娱乐时间太少了，单调的生活已经将创造力窒息掉了，将快乐掠夺走了。

许多人像机器一样工作着，并把工作当作无法逃脱的负担。但是，所有的工作原本都应该是充满乐趣的啊，工作的目的绝非是让生活更加乏味。若是所有人都能在最佳的精神状态下工作，工作无疑是充满无限乐趣的，而这种对大脑与体力的运用，也会给人带来一种健康而舒适的感觉，如此，工作就会充满成就感，而不是成为一种负累。

健康地工作极其重要，这不仅有助于提高效率，也能让人的感官变得更为敏锐。同时，健康也是快乐幸福的基石，生活应该是充满乐趣的，而不应让人心中充满各种挣扎情绪。

人的思想、目标或能量的层次，在很大程度上取决于身体的健康程度。身心最佳时的工作状态，与疲惫时的工作状态之间有巨大差异，可惜很多人感受不到。无论是因为过度用脑还是因为没有摄入适宜的食物，总之，当一个人的神经中枢疲惫后，他就不再是自己了。

谁能预料神经疲乏的人会发生什么悲剧呢？许多犯罪行为的产生，就是因为身体困乏造成机能反常。因为此时，人们要去做各种刺激的事去满足困乏的身体组织所需的养分，他们试图用酒精或其他方式来恢复自己的精力，于是，悲剧就发生了。

若是一个国家的人民能够在半年之内遵守健康的生活规律，我们的文明程度将上升不止一个等级：悲惨的事故与犯罪事件将会大幅度减少，人们的幸福感将会大幅度提高，工作效率也将普遍得到提高。几乎可以肯定地说，无视健康法则是让我们深受疾病、抑郁与沮丧之害的罪恶之源。

在成长的过程中，我们要花很多时间去学习很多实际上用不上的东西，在这个过程中，我们已然忘记了去发现真实自我的重要性，这实在是件很荒谬的事情，对造物者来说也无疑是一种讽刺。大自然用无与伦比的手法神奇地制造了我们，难道我们就不该花些时间，去研究让身体更健康更成熟的奥妙所在吗？这比我们花时间去研究某种已经灭绝的古老语言或已经消逝的风俗更有意义吧！

幸福建构于最微小的细胞之中

> 提升一点自身的素养，意味着心理机能又完善了一点。

我认识一位能力很强的年轻女士，当她身体健康的时候，精神状态是很不错的，取得的成就也是很惊人的。但在大部分的时间里，她身体都生着病，人生的追求也随之降低，这让她沮丧不已。结果，她没有能发挥出自己10%的能力，淋漓尽致地发挥自己的天赋，成为了她遥远的梦想。

我们常常看见一些本可过得更好的人潦倒地生活着，若是他们的身体能保持在一个良好的状态，就会有能力去轰轰烈烈地干一番伟大的事业，拥有绚丽的人生，不会像现在这样只能做着琐碎的事，庸庸碌碌地活着。

成功与快乐的首要秘诀就是拥有强健的体魄。大脑的正常运作很大程度取决于肠胃的消化力与肌肉的休息。羸弱的身体只会降低工作效率，任何勤勉与坚强的意志力都不能弥补这种摧残身心的恶果。

健康的身体能清除大脑里的“蜘蛛网”，让人的心智走上正轨，并大大地提高人的工作效率与身体机能的运作效率。为了提升自身的判断力，让各种功能敏锐起来，增加身体的能量，我们必须使身体各个组织的细胞都获得足够的休息。

一个身体孱弱，肌肉松散的人，是不可能具有活力的，更难以拥有健康体魄所具有的活力。

良好的心智取决于心理机能的质量与活力。由于呼吸着浑浊的空气，养成了不良的生活习惯，或缺乏户外活动而让血液变得不纯净，这样的人是难有大成就的。纯净的血液让我们拥有纯净的思想与享受人生的能力，而血管中循环的纯净血液只能来自于平和的生活、充足的户外锻炼、各种书籍的慰藉和充足的睡眠。

一个身体羸弱、发育不全的年轻人站在追求成功的起跑点上，心中却幻想着能跑在那些身强体壮的人的前面，这是多么荒唐的想法啊！与充满活力、每个毛孔都散发着正能量的年轻人相比，他真正获胜的概率能有多少呢？一场本该积极昂扬的生活赛跑，却在发令枪枪声响起的时候就胜负已定，这是何其不幸的事情啊！

若我们能看到一个人站在生活的门槛上，活力迸发、朝气蓬勃、乐观向上，知道自己的能量与力量足以应对生活中任何紧急情形，知道自己能够成为生活的主宰者，这又是多么让人欣慰啊！

充沛的活力不仅可以增强自信，也可以提升别人的自信。这种自信是力量与成功的保证。生活的奖赏很少会错过身体素质优秀的人，强健的体魄不仅能提升身体的能量，也可扩展我们整个的脑力活动，增强享受生活乐趣的能力。健康之人拥有的魅力如磁铁般强大，这种魅力能让成功响应自己的呼唤。

最近的科学研究表明，幸福建构于生物体最微小的细胞之中，对我们的幸福来说，数以亿计的微小细胞的健康度才是至关重要的。任何扰乱这种健康顺序的行为都会造成一定程度的不协调，造成细胞的溃烂、坏死，进而严重影响人的身心健康与幸福。

如果对构成幸福的生理因素缺乏适当的了解，是难以真正解决不幸福这个问题的。

真正让幸福之歌走调的不和谐音符是什么？幸福的新哲学又是什么？

那些想要追寻幸福的学生必须认识到，我们拥有的幸福与品性，在很大程度上取决于健康的身体：

你会发现，健康的体魄虽不能保证与不幸绝缘，但真正的幸福却绝对离不开健康的体魄。

你会发现，脑细胞的健康度决定着我们能否获得幸福。

你会发现，我们的开心与抱怨，情绪的高涨与低落，希望与绝望，勇敢与懦弱等，在很大程度上都取决于身体组织的活力、心跳的频率和神经的强韧度。

事实上，这一切都应归功于整个身体机能的和谐运作。很少有人知道，增强健康实际上就是提升自身的素养。每个层次上的提升，都意味着心理机能的完善。提升健康，增强勇气，燃起心中的希望，才能催发自信，让我们愿意主动出击。

总而言之，拥有健康有助于提升人的各种机能——生理机能与心理机能。身体素质的下降意味着心理机能与情感感受力的下降，意味着勇气的丧失，意味着工作的心思少了，耐力减少了，抵抗疾病的能力减弱了，而这些都是工作效率高与快乐的大敌。

他人若给不了你想要的爱，请学会自己给

> 全然的冷漠对女人敏感的心来说，无疑是一种巨大的摧残。

人们常常看到，一位美丽、乐观、充满活力的女人在结婚不久之后，性情就发生了彻底的改变。由于在家庭生活中备受丈夫压制，她很快就成了一名怨妇。她得到的不是尖酸的批评，就是无理的要求。由于自我表达途径被堵塞，她总是处在一种沉重的情绪之中，失去了主动力与热情。

是那些冷漠的丈夫，把原本让人喜爱的女子，变成了令人憎恶的人。

结婚之后，妻子们容颜不再，美丽与魅力逐渐消退。对镜梳妆知枯槁，那是年轻的美好渐渐消失的痛楚，那是活力远去的无奈。她们生活在冷漠的、缺少爱和滋润的环境之中，原来的美好憧憬被残酷扼杀了。

面对可怜的妻子们，男人们有过任何反省吗？

有人告诉我，他在朋友家住了一段时间，在那期间，他没有看到那位丈夫对妻子表现出半点温存来，尽管妻子在各方面都做得很好。

丈夫态度冷漠，总摆着一副冷冰冰的脸孔，根本不理会妻子过得开

心与否，这让妻子一直生活在缺乏爱的悲伤环境中。在过去的一年里，他从没带妻子到任何地方旅游过，几乎也从没一起出过门。他似乎觉得，妻子是不需要外出逛逛的。他去旅行时，往往是一个人，或与自己的好友一起，从没有想过自己的妻子。我们不能说这种人不友善或太残忍，他只是对自己的妻子很冷漠，让她无法感受到半点关爱。

对女人而言，冷漠比残忍更可怕。冷漠的丈夫偶尔给予一点点温存，就能温暖她的心灵，而全然的冷漠对女人敏感的心来说，无疑是一种巨大的摧残。

冷漠与残忍都是自私最显著的表现，但却不为大家所知。在家庭生活中，许多男人错将对自己的爱看成对妻子的爱，这是家庭不幸的源头。他们只想着自身的舒适、欲望的满足，毫不顾及妻子的感受。

这样的男人并不认为自己是自私的，反而觉得自己很慷慨。因为他们只专注于自身欲望的满足，偶尔才会想到妻子。而真正最高层次的爱，往往都是与自身无关的。

值得庆幸的是，在这个世界上，女人的爱却并不像男人那么自私与自我，否则，人类的文明将退化到野蛮时代。

妻子为了丈夫放弃一切，丈夫应该懂得感恩。

恋爱期间，男人总是想尽一切办法表达自己的爱意，表现自己的慷慨与爱心。一旦俘获芳心之后，就再不愿赠送表达爱意的小东西了，有的只是冷漠、霸道与吹毛求疵。前后比较，反差极大，这常常让女人怀疑是否嫁错了郎。

很多男人在追求自己的心仪对象时，总是含情脉脉，关怀备至，到手之后，却又变得那么冷漠，那么不在乎。这似乎有点不通情理，但这却是很多男人的真实写照。

男人的浪漫止于婚姻，正如猎人的兴趣止于他扣动致命的扳机那一刻一样，他们的浪漫自结婚开始时就从内心消失了。

在一些家庭中，我们时常会看到丈夫对妻子极其缺乏关爱，他们把妻子视为一个仆人，而非相濡以沫的生活伴侣。若是妻子偶尔抱恙或感觉不好，他也不会有一丝同情，反而觉得这是一种挑衅，认为她又在找麻烦，不但不照顾，反而会说些风凉话去刺激她。

丈夫从来没有想过要去减轻妻子的负担，或表现出任何特殊的关怀，甚至缺乏最基本的礼貌。他觉得没有义务去培养孩子或操持家务，他不想让这些事情来打扰自己。

他宁愿在社交场合浪费掉一个又一个夜晚，也不愿陪伴妻子。在外面，他花钱如流水；但对妻子，却是一个守财奴，精打细算着一分一毛。

若问世间哪些人最值得怜悯的话，那就是一味付出爱，一味牺牲自己，却只换来丈夫冷漠对待的妻子了。

女人拥有幸福和力量，是在她觉得为他人所珍爱的时候。男人若给不了你想要的爱，请学会自己给。

勇敢地面对意外

> 总想得到意外幸福的人，很难没有意外的灾难。

生命中的某些东西不应被偶然因素控制，更不应被意外打断。我认识一位忧郁症的受害者，他就牢牢地被自己的心魔桎梏了，而这些不良情绪本应在五分钟之内就被扼杀掉的。所以说，人们有很大一部分的痛苦都是自己的意识造成的。

人们理应拥有成功与幸福等与生俱来的权利。造物者的子女并不会受制于任何天意，相反，勇气与乐观都在我们意志力可以控制的范畴内。它们保证着我们的安全，我们完全有能力主宰自己的命运。

有位70岁的老人，名叫克莱拉。30年前，她得了多发性动脉硬化，导致双腿瘫痪，只能在轮椅上度日。她的手也受到影响，十分笨拙，连吃饭都十分费劲。可她是个十分坚强和乐观的人，并没有被突如其来的灾难打倒，虽然行动不便，但这并不妨碍她参加各种活动，享受生活的乐趣。她有很多牌友，常常和她们聚在一起打牌聊天；她热衷于教小孩子识字，很受孩子们的喜欢；她还在一家继续教育中心工作，教那些在车祸中失去双腿的人使用电动轮椅……克莱拉每天都活得十分快乐，面带微笑，光彩照人，让见到她的人如沐春风，不敢相信她已经在轮椅上待了30年。

确实，有很多事情不经意间闯进了我们的生活。很多超自然的状态是我们不能预见也不能逃避的。但一旦知晓了之后，我们就可成为它们的主人，就可将最惨痛的经历变成最快乐的源泉。没有比战胜痛苦、克服悲伤更让人高兴的事了。在这种胜利中，我们可以找到超脱于梦想与幸福的快乐。

世上没有比忧虑这个魔鬼更可恶的了。我们虽不能决定自己选择的结果，但却可以控制自己的意志。

我们必须战胜忧虑，这会让我们回到与恐惧那一场历时长久的斗争中。我们似乎很早就向内心的恐惧下了这样的战书："恐惧！你给我滚出去！"但在长时间的内心挣扎之后，我们仍不能冲破这座监狱，未能将恐惧从主宰心灵的位置上赶下来，它仍在肆无忌惮地破坏着我们的幸福。这个江洋大盗，总是在掠夺着人类辛苦积攒起来的幸福，让人沉迷于忧虑、不安、嫉妒与失败之中无法自拔。

我们是时候认识到，暴风雨般的进攻是难以把它赶下台的。相反，我们必须在不知不觉中建立起比它更强大的力量，为我们坐镇。当恐惧糟蹋我们的想象力的时候，这种力量能以一种更为强大的方式去唤起我们的思想与感情，直到恐惧向我们俯首称臣为止，正如我们之前无条件向恐惧称臣一样。这就是抗击恐惧的解药——信念。

忠于自身信念的时候，我们就会看见恐惧的离开。我们不能用武力拽它下来，而是要一点点地赶它走，为真正主宰我们心灵的主人腾出更大的空间。

当恐惧不再时，忧虑也将远离我们。这两个旧仇新恨，这两个幸福的天敌，都将化为灰烬。届时，人们就会找到一种久违的自信感，可处于一种安全与自由的幸福之中，而这些都是我们之前不敢想象的。

做有意义的工作，而不是被迫谋生

> 世上最不幸福的人，几乎都是那些不去工作的人。

一个商人在街上看见一个老人在编草帽，草帽很漂亮，于是走上前去问老人：“草帽多少钱一顶？”

“5美元。”老人微笑着回答道。

“假如我买1万顶呢？”商人又问道。

“100万美元。”老人回答道。

“什么，100万美元？为什么？”商人大吃一惊，简直不敢相信自己的耳朵。

“编制一万个一模一样的草帽，那得让我重复多少天一模一样的工作，我会乏味地疲劳而死的。”老人回答。

“可是，你可以找人帮你一块儿编织啊。”商人说道。

“对不起，朋友，我还想这么每天悠然自在，快乐地生活下去，我还想每天快快乐乐地看着远方来的朋友欣赏我编织的草帽，然后拿着我的帽子高高兴兴地离开。”老人婉拒了商人的要求。

其实，将工作视为负累还是乐趣，对自身的健康与幸福来说是影响深远的。工作应是让人精神振奋的，而非压抑人心的。生活应是充满欢乐，而非充斥着苦恼的。但工作却被许多人视为必须忍受的某种原罪，而非让我们奔向“幸福之峰”的康庄大道。

没有负累，只有快乐的工作，能让我们手脑并用，能让我们十分愉悦。工作是上天对人类最大的恩赐，一颗专注的心是不易受诱惑的。这对心智不坚定之人来说，更是一种双重的奖赏，因为正是工作，才让许多人得以从无聊与消沉中摆脱了出来。

工作不仅教育着我们，还能让我们的能力进一步发展，正是长时间系统地运用自身的能力，才给我们带来了持久的乐趣。

自然定律就是：任何无益而又占用空间的东西都会逐渐退化，然后支离破碎，烟消云散。无论是引擎还是大脑，若不使用，退化就是必然的。

也许，多数原来很有活力的人，在日复一日的工作之中，失去了新鲜感与激情，失去了欣喜的波澜，内心翻不起半点喜悦的浪花。他们机械而敷衍地工作着，或多或少地将工作视为某种不幸，或视为想要急切摆脱的累赘。他们只想着如何让自己爬高一点，以求不那么辛苦就可以从中获得某种报偿。

许多人都想从工作中解脱出来。但历史的经验却证明了这一点：

兢兢业业、认真工作的人，其实是最幸福的。实际上，懒惰才是对人类最邪恶的诅咒，它是幸福最大的天敌，任何懒惰的人都无法真正理解幸福的含义。

世上最不幸福的人，几乎都是那些不去工作的人，要知道，无论多少金钱都不能取代工作的意义。

人必须工作，就如我们必须有阳光一样。他可能带着负累的心去工作，也可能怀着感恩的心情去工作；他可能像一个有血有肉的人一样去工作，也可能如机器一般工作。人不可能总是顺心地选择工作，但却可以用一种积极的心态、一颗昂扬的心去面对。世上没有一种工作能繁重得让心灵无法呼吸，没有任何工作能无聊得让人无法获得乐趣。

造物主从没想过要让工作成为我们的负累，自始至终，他都想让工作成为我们的乐趣。哪里有道德的阳光，哪里有和谐与善良，哪里就能获胜。也只有在这些方面，我们才能做到最好——无论在质量上或数量上都是如此。一颗满足、乐观的心就是最好的资本，就可以获得最大的收益。

生活要是没有目标，就一文不值

> 默默工作让许多人不再绝望，不再忧伤，尽心尽力地活着。

眼睛需要阅览，耳朵需要聆听，意识需要思考。身体的每条神经、每寸纤维、每个细胞都亟须锻炼，需要处于时刻运行的状态中。心灵的每个功能都需要有益的锻炼，你的每一项专长都能为幸福铺路。

许多人脑海中所谓的完美天堂，在现实中却是另外一些人的地狱。脑海中的每个细胞都需要活动。无论在何处，让这些活动能量休眠，对正常人而言就是一种折磨。人们只有当感觉自己在积极地做某份工作的时候，才是最快乐的。

人类最美好的体验都源于日常工作，源于对自身价值的追求。非凡之事很少会一下子降落到我们头上，日常生活即是践行教义、人生哲学的大舞台。工作时的精神状态是对人品的一种考验。

默默无闻的工作对人类贡献最大，它们让许多人不再绝望，不再忧伤，尽心尽力地活着。

世上没有比认真工作更为积极的了，但许多人却厌恶、憎恶、害怕工作。

阿尔玛·塔德玛女士在“幸福为何物”的演讲中提到，她花了五个月的时间写下了幸福的定义。她说，幸福是辛勤工作，挖掘潜能的结果。她认为，如果一个人感觉只挖掘了自身少量的潜能，无法最好地发挥自己的才华，那么，他就不可能幸福。即便有幸福之感，也只是一种低水平的幸福；因为内心总会自责，这种自责剥夺了他的幸福感。

认真圆满地完成工作，会让人多么快乐啊！这会让我们有一种闲庭信步的感觉，让我们更加欣赏自己。

贺拉斯·曼说：“由于我深爱着我的工作，工作对我而言如鱼得水。”

在自己擅长的范围内专一地发挥才华，会让人过得无比幸福。生活要是没有目标，就一文不值。一旦失去了目标，人就只是拖着躯壳的生物。专心致志地发挥自己才华的人，是不会自怨自艾的。认识到自己的与众不同，会带给我们更为强烈的满足感。

年轻人每天早上起来，应该对工作怀有一种强烈的期待，让心中充满希望。

在工作的时候，全身心地投入，充分调动身体的机能，这会带来无限的乐趣。我们要以一颗无私之心来看待一切，赶走自私与贪婪，获得更高级的享受。

我们的本性揭示了一个道理：人应从日常工作中获得最大的满足与

欢乐。当然，我们也可从其他方面获得一些乐趣，但若我们喜欢自己的工作，就会有持久的快乐。

旅行、社交、看戏、阅读书籍、观赏艺术品以及与朋友聚会等，这些都是暂时的调味剂，只有热爱工作的人才能从工作中获得恒常的乐趣。

很多人只是活着，却没有真正地生活过。工作应让人觉得快乐才对，应将整个心灵都投入进去找寻快乐。有意识地自我表达和展现才华，能带给我们持久的满足感，但是迫于生计而日复一日地进行工作，则绝非生活的本义。

假如我们还是正常人，早上起来上班的时候，内心应该是充满乐趣与期望的，就像婚期渐近的新人的感受一样。

年轻而有理想的艺术家，内心会有着狂热的激情，他不能放下手中只完成了一半的画作，因为这幅画会时刻萦绕在他的脑中。假如员工每天早上上班的时候，有着饱满的精神，有着迈克尔·安杰罗与米勒特那样的激情，那么，商界将会发生翻天覆地的变化。

作家在继续未完成的著作时，是多么快乐啊！他心中时刻想着丰满书中的人物形象。每一个清醒时刻，这些形象都会出现在他的眼前。

早上起来，我们应怀着同样的激情，迫不及待地等待商店、工厂或工作室的开放。只有这样的人才能在自己的领域中出名。如果每个职员都有着强烈的工作激情，那么，商界的面貌会焕然一新。

在孩子成长的过程中，我们不应灌输这样一种观念：挣钱糊口是让人恐惧与不安的，必须要为面包与奶油而苦苦挣扎。工作应让我们从中获得乐趣。我们应教给孩子这种观念：从工作中享受乐趣，将工作视为人生某种天赐的特权，它能给人带来莫大的安慰。

假如人人都能在生活中找到适合自己的位置，知道做自己喜欢的工作并不是负累，而是一种长久的乐趣，一种光荣的特权的话，那么世界将会更加美好。